Wissenschaftliche Reihe Fahrzeugtechnik Universität Stuttgart

Reihe herausgegeben von
M. Bargende, Stuttgart, Deutschland
H.-C. Reuss, Stuttgart, Deutschland
J. Wiedemann, Stuttgart, Deutschland

Das Institut für Verbrennungsmotoren und Kraftfahrwesen (IVK) an der Universität Stuttgart erforscht, entwickelt, appliziert und erprobt, in enger Zusammenarbeit mit der Industrie, Elemente bzw. Technologien aus dem Bereich moderner Fahrzeugkonzepte. Das Institut gliedert sich in die drei Bereiche Kraftfahrwesen, Fahrzeugantriebe und Kraftfahrzeug-Mechatronik. Aufgabe dieser Bereiche ist die Ausarbeitung des Themengebietes im Prüfstandsbetrieb, in Theorie und Simulation.

Schwerpunkte des Kraftfahrwesens sind hierbei die Aerodynamik, Akustik (NVH), Fahrdynamik und Fahrermodellierung, Leichtbau, Sicherheit, Kraftübertragung sowie Energie und Thermomanagement – auch in Verbindung mit hybriden und batterieelektrischen Fahrzeugkonzepten.

Der Bereich Fahrzeugantriebe widmet sich den Themen Brennverfahrensentwicklung einschließlich Regelungs- und Steuerungskonzeptionen bei zugleich minimierten Emissionen, komplexe Abgasnachbehandlung, Aufladesysteme und -strategien, Hybridsysteme und Betriebsstrategien sowie mechanisch-akustischen Fragestellungen.

Themen der Kraftfahrzeug-Mechatronik sind die Antriebsstrangregelung/Hybride, Elektromobilität, Bordnetz und Energiemanagement, Funktions- und Softwareentwicklung sowie Test und Diagnose.

Die Erfüllung dieser Aufgaben wird prüfstandsseitig neben vielem anderen unterstützt durch 19 Motorenprüfstände, zwei Rollenprüfstände, einen 1:1-Fahrsimulator, einen Antriebsstrangprüfstand, einen Thermowindkanal sowie einen 1:1-Aeroakustikwindkanal.

Die wissenschaftliche Reihe „Fahrzeugtechnik Universität Stuttgart" präsentiert über die am Institut entstandenen Promotionen die hervorragenden Arbeitsergebnisse der Forschungstätigkeiten am IVK.

Reihe herausgegeben von

Prof. Dr.-Ing. Michael Bargende
Lehrstuhl Fahrzeugantriebe
Institut für Verbrennungsmotoren und
Kraftfahrwesen, Universität Stuttgart
Stuttgart, Deutschland

Prof. Dr.-Ing. Jochen Wiedemann
Lehrstuhl Kraftfahrwesen
Institut für Verbrennungsmotoren und
Kraftfahrwesen, Universität Stuttgart
Stuttgart, Deutschland

Prof. Dr.-Ing. Hans-Christian Reuss
Lehrstuhl Kraftfahrzeugmechatronik
Institut für Verbrennungsmotoren und
Kraftfahrwesen, Universität Stuttgart
Stuttgart, Deutschland

Weitere Bände in der Reihe http://www.springer.com/series/13535

Alexander Link

Analyse, Messung und Optimierung des aerodynamischen Ventilationswiderstands von Pkw-Rädern

Alexander Link
Stuttgart, Deutschland

Zugl.: Dissertation Universität Stuttgart, 2018

D93

Wissenschaftliche Reihe Fahrzeugtechnik Universität Stuttgart
ISBN 978-3-658-22285-7   ISBN 978-3-658-22286-4   (eBook)
https://doi.org/10.1007/978-3-658-22286-4

Die Deutsche Nationalbibliothek verzeichnet diese Publikation in der Deutschen National-
bibliografie; detaillierte bibliografische Daten sind im Internet über http://dnb.d-nb.de abrufbar.

Springer Vieweg
© Springer Fachmedien Wiesbaden GmbH, ein Teil von Springer Nature 2018

Gedruckt auf säurefreiem und chlorfrei gebleichtem Papier

Springer Vieweg ist ein Imprint der eingetragenen Gesellschaft Springer Fachmedien Wiesbaden
GmbH und ist ein Teil von Springer Nature
Die Anschrift der Gesellschaft ist: Abraham-Lincoln-Str. 46, 65189 Wiesbaden, Germany

Vorwort

Bei meinem Doktorvater, Herrn Prof. Jochen Wiedemann, möchte ich mich für die hervorragende Betreuung während des Projekts und der Promotion herzlich bedanken. Sowohl die regelmäßigen Diskussionen als auch die Möglichkeit, die Windkanäle des IVK nutzen zu können, stellten einen fruchtbaren Boden für meine Forschungsarbeit dar. Herrn Prof. Dr. rer. nat. Frank Gauterin, Leiter des Instituts für Fahrzeugsystemtechnik am Karlsruher Institut für Technologie, möchte ich für den Mitbericht danken.

Dem Leiter des Bereichs Fahrzeugaerodynamik und Thermomanagement des IVK, Nils Widdecke, danke ich für die vielen Diskussionen auf fachlicher Ebene bis ins kleinste Detail. Seine Fähigkeit, Dinge kritisch zu hinterfragen und dabei Begeisterung für das Thema zu versprühen, hat mich stark geprägt und meine Arbeit zum Hobby gemacht. Die Grillrunden und Feierabendbiere auf der Dachterrasse sind unvergesslich.

Die Erfahrung von Herrn Dr. Felix Wittmeier als Sachbearbeiter des Vorgängerprojekts erleichterte den Einstieg in das Projekt, seine Tipps und Unterstützung während der drei Jahre weiß ich sehr zu schätzen – insbesondere die Hilfe bei Nachtschichten im Windkanal.

Die vorliegende Dissertation ist im Rahmen eines Forschungsprojekts der Forschungsvereinigung Automobiltechnik (FAT) entstanden. Ich möchte mit beim Arbeitskreis 6 „Aerodynamik" der FAT für regen Diskussionen während der dreijährigen Projektlaufzeit bedanken. Besonderer Dank gilt an dieser Stelle Herrn Michael Pfadenhauer für die Leitung des AK 6.

Außerdem bedanke ich mich von ganzem Herzen bei meiner Familie, ohne die der lange Weg zum Doktor-Ingenieur nicht möglich gewesen wäre. Meiner Freundin, die mich oft wochenlang kaum zu Gesicht bekommen hat, will ich für ihre Geduld und stete Unterstützung von Herzen danken.

Alexander Link

Inhaltsverzeichnis

Abbildungsverzeichnis

Tabellenverzeichnis

Abkürzungsverzeichnis

1 Punkt	Ein Anteil von 0.001 bei den dimensionslosen Beiwerten c_W, c_{Vent} und c_A
CFD	Computational Fluid Dynamics (numerische Strömungssimulation)
FAT	Forschungsvereinigung Automobiltechnik e.V.
FEM	Finite Elemente Methode
FKFS	Forschungsinstitut für Kraftfahrwesen und Fahrzeugmotoren Stuttgart
FKFS *besst*®	Beland Silent Stabilizer des FKFS
FKFS *swing*®	Side Wind Generator des FKFS
FWK	1:1-Fahrzeugwindkanal des IVK
HA	Hinterachse
HL	Hinten links
HR	Hinten rechts
ISO	International Organisation for Standardization
IVK	Institut für Verbrennungsmotoren und Kraftfahrz..
Kfz	Kraftfahrzeug
NEFZ	Neuer Europäischer Fahrzyklus
NWK	Neuer Windkanal (Porsche AG, Weissach)
Pkw	Personenkraftwagen
PIV	Particle Image Velocimetry
VA	Vorderachse
VL	Vorne links
VR	Vorne rechts
WLTC	Worldwide Harmonized Light-Duty Test Cycle
WLTP	Worldwide Harmonized Light-Duty Test Procedure
WRU	Radantriebseinheit/Laufbänder im Windkanal (Wheel Drive Unit)

Symbol	Einheit	Erläuterung
a_F	m/s^2	Fahrzeugbeschleunigung
A_{Fx}	m^2	Fahrzeugstirnfläche
c_A	-	Auftriebsbeiwert
c_M	-	Ventilationswiderstandsbeiwert der rotierenden Scheibe
c_r	-	Ventilationswiderstandsbeiwert der rotierenden Scheibe nach Hahnenkamm et al.
c_{Vent}	-	Ventilationswiderstandsbeiwert
$c_{Vent,v/h}$	-	Ventilationswiderstandsbeiwert der Vorderachse/Hinterachse
$c_{Vent,Zero}$	-	Beiwert des Ventilationswiderstands ohne Anströmung (auch „Zero Ventilation")
c_W	-	Luftwiderstandsbeiwert
c_W^*	-	Erweiterter Luftwiderstandsbeiwert
D	m	Scheibendurchmesser
F_a	N	Beschleunigungswiderstand
F_{LW}	N	Luftwiderstand
F_N	N	Radaufstandskraft
f_R	-	Rollwiderstandsbeiwert
$F_{Rad,Ges}$	N	Summe der Radwiderstände aller Räder
F_{Rad}	N	Radwiderstand
$F_{Rad,80\%}$	N	Radwiderstand bei 80 % der Radlast (nach ISO 28580)
$F_{Rad,Skimming}$	N	Radwiderstand bei „Skimming"-Messung
$F_{Rad,v1}$	N	Radwiderstand bei der Messgeschwindigkeit v_1
$F_{Rad,v2}$	N	Radwiderstand bei der Messgeschwindigkeit v_2
F_{Reib}	N	Lagerreibung
F_{Roll}	N	Rollwiderstand
$F_{Roll,80\%}$	N	Rollwiderstand bei 80 % der Radlast (nach ISO 28580)

$F_{Roll,Skimming}$	N	Rollwiderstand bei der „Skimming"-Messung, also mit sehr geringer Radlast (nach ISO 28580)
F_{St}	N	Steigungswiderstand
F_{Vent}	N	Ventilationswiderstand
$F_{Vent,Zero}$	N	Ventilationswiderstand ohne Anströmung (auch „Zero Ventilation")
F_W	N	Luftwiderstand
F_W	N	Fahrwiderstand
F_{Walk}	N	Walkwiderstand
$F_{X,Tara}$	N	Mit der Windkanalwaage gemessener Widerstand im leeren MWK mit bewegtem Laufbandsystem
$F_{X,Waage}$	N	Mit der Waage in X-Richtung gemessene Kraft
$F_{X,WRU}$	N	In der Fahrbahnebene in X-Richtung von der WRU auf das Rad übertragene Antriebskraft
F_Z	N	Zugkraft
g	m/s²	Erdbeschleunigung
J_{RedRad}	kg·m²/s²	Auf Raddrehzahl reduzierte Massenträgheitsmoment des Antriebsstrangs
k	m	Rauigkeitswert in EXA's PowerFLOW
k_N	-	Düsenfaktor
m_F	kg	Fahrzeugmasse
M_{Rad}	Nm	Radwiderstandsmoment
m_{res}	kg	Resultierende Fahrzeugmasse
M_{Vent}	Nm	Ventilationswiderstandsmoment
p_{stat}	Pa	Statischer Druck
p_{tot}	Pa	Totaldruck
P_a	W	Beschleunigungsleistung
P_e	W	Effektive Motorleistung
P_{LW}	W	Luftwiderstandsleistung einschließlich Ventilationsverluste der Räder
P_R	W	Rollwiderstandsleistung
P_S	W	Schlupfverlustleistung

P_{St}	W	Steigleistung
P_{VT}	W	Triebstrangverlustleistung
q_∞	Pa	Dynamischer Druck
R	m	Radius eines Rotationskörpers (Scheibe, Rad)
r_{dyn}	m	Dynamischer Reifenrollradius
r_{dyn}'	m	Abstand zwischen Radmitte und Fahrbahn
Re	-	Reynoldszahl
$R_{Scheibe}$	M	Scheibenradius
R_t	mm	Rautiefe
T	°C	Reifentemperatur
u_∞	m/s	Windgeschwindigkeit der ungestörten Anströmung
v	m/s	Geschwindigkeit
v_1	m/s	Messgeschwindigkeit 1 (hier: 180 km/h)
v_2	m/s	Messgeschwindigkeit 2 (hier: 40 km/h)
V0	m/s	Strömungsgeschwindigkeit nach Wickern et al.
Vb	m/s	Laufbandgeschwindigkeiten nach Wickern et al.
v_F	m/s	Geschwindigkeit des Fahrzeugs
$v_{Laufband}$	m/s	Geschwindigkeit des Laufbands der Radantriebseinheiten im Windkanal
$v_{Strömung}$	m/s	Geschwindigkeit der Anströmung im Windkanal
v_U	m/s	Umfangsgeschwindigkeit der rotierenden Scheibe oder eines rotierenden Rads
x	-	Koordinate in Fahrzeuglängsrichtung
y	-	Koordinate in Fahrzeugquerrichtung
y_K	-	Kalibrierfaktor der Aktorkraft zur Radaufstandskraft
z	-	Koordinate in vertikaler Richtung
z_{Rad}	m	Anhebung des Rades in z-Richtung
α_{St}	°	Steigungswinkel der Fahrbahn
β	°	Schräganströmwinkel
δ	°	Neigung des Aktorbeins gegen die Fahrbahnnormale

Δz_{Rad}	mm	Vertikale Verschiebung der Radnabe mit aktiven Federbein relativ zum Fahrzeug und Laufband
ν	m²/s	Kinematische Viskosität
ρ_L	kg/m³	Luftdichte
$\omega_{Scheibe}$	rad/s	Winkelgeschwindigkeit der rotierenden Scheibe

Zusammenfassung

Strenger werdende Umweltauflagen von Fahrzeugen mit Verbrennungsmotoren sowie das Ringen der elektrisch angetriebenen Fahrzeuge um jeden
Kilometer Reichweite zwingt die Automobilindustrie zu Optimierungen bis
ins Detail. Die Rolle der Aerodynamik gewinnt dabei zunehmend an
Bedeutung, was sich auch in der aktuellen Entwicklung des neuen Fahrzyklus
WLTC (Worldwide Harmonized Lightweight Vehicle Test Cycle) wider-
spiegelt. Ein wichtiger Bestandteil der WLTP (Worldwide Harmonized
Lightweight Vehicle Test Procedure) ist die Separation des Fahrwiderstands
und die Festlegung von Möglichkeiten zur Messung der Einzelwiderstände.
Dabei liegt in der Aerodynamik ein besonderes Augenmerk auf der möglichst
realitätsnahen Zuordnung von Verbrauchs- und CO_2-Ausstoßwerten auf einzelne Fahrzeugkomponenten. Auf diese Art sollen sowohl für den Kunden als
auch den Gesetzgeber für jede Fahrzeugkonfiguration realistische Verbrauchs-
werte ausweisbar sein. Im bisher geltenden Verbrauchszyklus NEFZ (Neuer
Europäischer Fahrzyklus) werden Sonderausstattungen, wie beispielsweise
unterschiedliche Felgentypen, nicht erfasst. In diesem Zusammenhang ist die
Untersuchung der Felgenaerodynamik von Interesse, insbesondere die aerodynamischen Verluste, die durch die Felgen- und Reifenrotation entstehen –
der sogenannte Ventilationswiderstand. Nach aktuellem Stand gab es bisher
keine Messprozedur und -vorrichtung zur Messung dieser Verluste. Die
Existenz dieser Verlustanteile ist zwar bekannt, wird aber selbst in den
modernsten Windkanälen mit 5-Band-System bisher vernachlässigt. In der
vorliegenden Arbeit sollen der Ventilationswiderstand sowie die Entwicklung
eines Messverfahrens, das die Bewertung unterschiedlicher Felgen
hinsichtlich ihres Ventilationswiderstands ermöglicht, beschrieben werden.
Ausgehend von Untersuchungen rotierender Scheiben im Modellwindkanal
wurde der Übergang zu realitätsnahen Messungen mit einem Škoda Octavia
in 1:1-Windkanälen geschaffen. Die am IVK entwickelte Messmethode wurde
in den 1:1-Windkanälen der BMW Group und der Porsche AG validiert. Die
Windkanäle dieser beiden Projektpartner sind für Ventilationswiderstandsmessungen geeignet. Zudem liefern – in Bezug auf eine Referenzfelge
– alle Windkanäle untereinander vergleichbare Werte mit einer geringen
Abweichung. Abschließend wurden mit einer speziell angefertigten Testfelge
in einer Parameterstudie der Einfluss von Felgenanzahl, Speichenkante und -

form, Förderrichtung von Ventilationsfelgen sowie der Felgenabdeckung untersucht. Im Fokus dieser Untersuchungen stand neben dem Ventilationswiderstand auch der „klassische" Luftwiderstand, d.h. der aerodynamische Widerstand aus Um- bzw. Durchströmung. Die maximale Differenz der Ventilationswiderstände betrug $\Delta c_{Vent} = 0{,}011$, was im WLTC einem Differenz-Verbrauch von circa 0,12 Liter/100 km entspricht. Da der Ventilationswiderstand einen zusätzlichen aerodynamischen Verlust darstellt, bildet er – in Summe mit dem „klassischen" Luftwiderstand – den erweiterten Luftwiderstand. Neben den Untersuchungen im Windkanal wurde auch überprüft, ob sich der Ventilationswiderstand mit numerischer Strömungssimulation (CFD) ausreichend genau ermitteln lässt. Die Ergebnisse der Simulationen wurden hierzu Windkanalmessungen gegenübergestellt. Dabei führten insbesondere Simulationen der Radrotation mit dem Sliding Mesh-Modell zu zufriedenstellenden Übereinstimmungen.

Im Rahmen dieser Arbeit konnte im 1:1-Windkanal des IVK der Universität Stuttgart ein Messverfahren entwickelt werden, mit dem der Ventilationswiderstand unterschiedlicher Räder bestimmt werden kann. Der Ventilationswiderstand ist nicht unabhängig von der Anströmung und muss daher im Windkanal bestimmt werden.

Abstract

The objective of this research project was to develop a measuring procedure and rating for passenger car wheel with regard to their ventilation drag. About 25 % of a vehicle's total aerodynamic drag is due to the resistance of the wheels. The importance of wheels and rims concerning vehicle aerodynamics has been well documented in numerous publications. However, until now, the measurement of the ventilation drag in a full-scale wind tunnel was relatively unexplored territory. Most of these publications refer to the aerodynamic drag but only a few examined the so-called ventilation drag in detail. The ventilation drag is defined as the aerodynamic torque acting on the rims and tires around the wheel's axis. It results from the rotation of the wheels and is caused by surface friction and uneven pressure distribution at the spokes. It is an additional resistance to a car's aerodynamic drag and is referred to by the ventilation drag coefficient c_{Vent}. The ventilation drag is an aerodynamic loss, which is currently neglected in most aerodynamic development processes due to the absence of a suitable measuring procedure. In most wind tunnels the ventilation drag appears as an internal loss and is thus not measured. The ventilation drag was investigated within the framework of a project of the IVK (Institute for Internal Combustion Engines and Automotive Engineering at the University of Stuttgart) and the FAT (Research Association of Automotive Technology). As stated earlier, the objective of this research project was the development of a measuring procedure for the rating of passenger car wheels concerning their ventilation drag. The main challenge was to separate the ventilation drag from the wheel resistance. The wheel resistance is the superposition of rolling resistance, ventilation drag and losses in bearings. The rolling resistance is a function of many parameters making it difficult to reliably separate it from the ventilation drag.

Basic research with simplified geometries was conducted in a model scale wind tunnel in order to gain a better understanding of the ventilation drag's magnitude and its sensitivity to various parameters. The quarter scale wind tunnel of the IVK features a 5-belt-system with boundary layer control and is able to reach wind speeds up to 288 km/h. It was used for these first investigations. The ventilation drag of discs of various designs and surface roughness was measured using a special wind tunnel setup: One of the wheel rotation units was used to rotate a disc held by a non-rotating strut. This strut was fixed to the wind tunnel floor with no connection to the wind tunnel balance except for the disc. The force required for the rotation is provided by the wheel rotation unit and by this means this force could be measured with the wind tunnel balance. Measurements of simple discs without inflow showed good agreement with publications in the early 20th century. The test rig was then modified by adding different spoke designs and simplified wheelhouse covers. Those changes had a great impact on the ventilation drag. Furthermore, repeating the measurements with inflow revealed the dependency of the ventilation drag on the inflow. To give an example of the discs' ventilation drag: The smooth disc showed a ventilation drag coefficient (c_{Vent}) of 0,002 with regard to the frontal area of a generic passenger car. In comparison, testing a disc with five spokes resulted in a c_{Vent} of 0,006 – a 200 % increase.

For measuring the ventilation drag of full-scale vehicles, the FAT-sequence was developed at the University of Stuttgart's IVK. The FAT-sequence was specifically designed to measure the ventilation drag of a passenger car's wheels in a full-scale wind tunnel with a 5-belt-system featuring force measurement at the wheel drive units. The procedure enables a rating of rims regarding their ventilation drag. One of the main considerations during the development of the measuring procedure was to minimize preparation effort and the time spent in the wind tunnel. In order to reduce the rolling resistance and maintain a constant value, the suspension of the test vehicle (Škoda Octavia) was modified: The springs as well as the stabilizer were removed and the damper oil was drained. By removing the springs, not only was the weight on the tire reduced by about 90 %, but it also allowed the tire to expand while rotating at high speeds without causing an increase in tire load. The vehicle's weight was fully supported by the struts and only the weight of the wheels and uprights was acting on the tires. Reducing the rolling the resistance results in a higher proportion of the ventilation drag in the measured wheel resistance. This configuration was investigated by measuring the rolling resistance with rising tire temperature during an endurance run at constant speed. After a short warm up the increasing tire temperature showed no further impact on the measured wheel resistance. The actual ventilation drag measurement utilizing the FAT-sequence consists of a short warm up followed by measurements at two speeds; one at high speed (180 km/h) and one at low speed (40 km/h). At the lower velocity aerodynamic losses were negligibly low thus the full wheel resistance measurement could be attributed to rolling resistance and losses in the bearings. For the higher velocity measurement, the wheel resistance encompasses markedly higher aerodynamic losses. The difference of the wheel resistances measured at those two velocities gives the ventilation drag.

After further development at the IVK, the FAT-sequence was again utilized in two other full-scale wind tunnels, namely of BMW Group and Porsche AG, for validation purposes. The wind tunnels of IVK, BMW and Porsche have small conceptual differences and therefore lead to slightly different absolute values of the ventilation drag coefficient c_{Vent}. By using a covered rim as a reference all three wind tunnels showed very good results of $\Delta c_{Vent} < 0{,}001$. Results showed that the maximum deviation of Δc_{Vent} between all three wind tunnels was lower than 0.001. Thus, all three wind tunnels are suitable for measuring ventilation drag.

Both the model scale measurements of rotating discs and the full-scale measurements of the test vehicle showed different values of the ventilation drag coefficient with and without inflow. An 18-inch diameter 5-spoke rim was geometrically modified in order to allow the attachment of different rapid prototyping inserts. This rim was used for a parameter study with different prototyping inserts mounted on and in between the spokes. The main parameters investigated were the number of spokes which could be increased from five to fifteen, the sharpness of the spokes as well as spokes featuring the shape of fan blades. The ventilation drag determined from these measurements accounted for up to an additional 8 % of aerodynamic drag. The front wheels showed a higher sensitivity to geometric modifications. Mounting rims with fan blades pointing outwards resulted in even lower ventilation drag coefficients than the fully covered rim. However, for an overall evaluation the extended aerodynamic resistance has to be taken into consideration. The extended aerodynamic resistance is defined as the sum of the aerodynamic drag and the ventilation drag. It is referred to by $c_W{}^*$. Besides the fully covered rim, the lowest values of $c_W{}^*$ were measured with spokes with an oval cross section, an aerodynamically optimized rim and a fan setup with different flow directions at the front and rear. The difference of Δc_{Vent} measured for various rim configurations showed a maximum of 0.011 and corresponds to a difference in fuel consumption of 0.12 L/100 km according to the new Worldwide Harmonized Light Vehicles Test Procedure (WLTP).

Lastly, numerical flow simulations using the commercial software Power FLOW by EXA Corp. were in line with the measurements obtained from the project's wind tunnel tests. Wheel rotation was simulated by rotating the mesh in each time step using the so-called sliding mesh model. Numerical flow simulation appears to be a suitable tool for the investigation and optimization of passenger cars' ventilation drag.

Overall, the project was successful in developing a measuring procedure (FAT-sequence) in order to rate passenger car rims based on ventilation drag with minimal effort for vehicle preparation and wind tunnel time.

1 Einleitung

Die Fahrzeugentwicklung gerät durch strenge Auflagen zum Umweltschutz unter zunehmenden Druck, immer effizientere Fahrzeuge auf den Markt zu bringen. Neben der Optimierung von Fahrzeugen mit Verbrennungsmotoren wird in der Entwicklung der Elektrofahrzeuge um jeden Kilometer zusätzliche Reichweite gerungen. In diesen beiden Aufgabenfeldern spielt die Aerodynamik eine wichtige Rolle. Das Potential der Aerodynamik liegt dabei nicht nur in der Optimierung der Umströmung der Fahrzeugkontur, sondern auch in einem intelligenten Thermomanagement durch spezielle Kühlluftkonzepte und ein effizientes Thermomanagement im Fahrzeuginnenraum. Ein bisher wenig beachtetes Aufgabenfeld ist die Optimierung von Pkw-Rädern hinsichtlich ihres Ventilationswiderstands. Der Ventilationswiderstand ist ein zusätzlicher aerodynamischer Verlust, der aus der Rotation der Räder resultiert und der bisher experimentell nicht erfasst wurde. In den letzten Jahren ist die Verbesserung der Felgenaerodynamik in den Fokus der Entwicklungsarbeit gerückt. Deutlich wird dies an den jeweiligen Premiumfahrzeugen der führenden Hersteller, die durch optimierte Formgebung und teilweise aktive Felgenkomponenten überzeugen wollen.

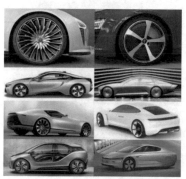

Abbildung 1.1: Beispiele aktueller Entwicklungsarbeit im Bereich des Felgendesigns verschiedener führender Fahrzeughersteller. Quellen: [1, 2, 3, 4, 5, 6, 7]

Das Design der Felgen spielt dabei eine wichtige Rolle und beeinflusst das Erscheinungsbild des Fahrzeugs in hohem Maße. Einige aktuelle Beispiele in

© Springer Fachmedien Wiesbaden GmbH, ein Teil von Springer Nature 2018
A. Link, *Analyse, Messung und Optimierung des aerodynamischen Ventilationswiderstands von Pkw-Rädern*, Wissenschaftliche Reihe Fahrzeugtechnik Universität Stuttgart, https://doi.org/10.1007/978-3-658-22286-4_1

Abbildung 1.1 sollen dies verdeutlichen. Auffällig ist das Designelement der Speichen in Form von Schaufelrädern. Alle bisher auf den Markt gebrachten und als „aerodynamisch vorteilhaft" bezeichneten Räder verbindet eines: bisher wurde kein zuverlässiges Verfahren veröffentlicht, mit dem der Ventilationswiderstand dieser Räder reproduzierbar bestimmt werden kann.

Im Rahmen des in dieser Arbeit vorgestellten dreijährigen Forschungsprojekts der Forschungsvereinigung für Automobiltechnik e.V. (FAT) wurde am Institut für Verbrennungsmotoren und Kraftfahrwesen der Universität Stuttgart (IVK) eine Messmethode entwickelt, die es ermöglicht, Pkw-Räder im Windkanal bezüglich ihres Ventilationswiderstands zu untersuchen und untereinander zu vergleichen. Das Kraftstoff-Einsparpotential durch den Einsatz aerodynamisch optimierter Felgen und der damit verbundenen Reduktion des CO_2-Ausstoßes können nun durch Messungen zuverlässig ermittelt werden. Es ist damit nun möglich, Felgen auf einfache Weise zu klassifizieren, um deren aerodynamische Eigenschaften auch dem Kunden in überschaubarer Weise zu vermitteln, ähnlich wie dies beim Rollwiderstand schon der Fall ist. Ein möglicher Entwurf für eine solche Felgenklassifizierung ist in Abbildung 1.2 zu sehen:

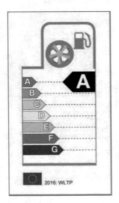

Abbildung 1.2: Beispielhafte Darstellung eines möglichen Felgenlabels zur einfachen Klassifizierung von Felgen für den Kunden, abgeändert aus dem Reifenlabel nach [8].

Im Zuge der aktuellen Entwicklung des neuen Verbrauchszyklus, WLTC, erlangt das Thema der Ventilationswiderstandsmessung zudem eine politische Komponente, da in Zukunft Überschreitungen gewisser CO_2-Grenzwerte der WLTP mit Strafzahlungen geahndet werden. Es ist zu klären, ob und gegebenenfalls in welcher Form der Ventilationswiderstand bei der Klassifizierung von Fahrzeugen in Zukunft eine Rolle spielen wird.

2 Grundlagen

2.1 Fahrwiderstand des Kraftfahrzeugs

Der Antrieb von Kraftfahrzeugen kann eine bestimmte Leistung aufbringen, die das Fahrzeug antreibt und dabei Verlustleistungen gegenübergestellt ist. Es muss stets ein Gleichgewicht zwischen Leistungsangebot und Leistungsbedarf herrschen. Damit folgt nach Wiedemann die Hauptgleichung des Kraftfahrzeuges [9]:

$$P_e = P_{VT} + P_S + P_R + P_{LW} + P_{St} + P_a \qquad \text{Gl. 2.1}$$

P_e Effektive Motorleistung

P_{VT} Triebstrangverlustleistung

P_S Schlupfverlustleistung

} Leistungen aufgrund innerer Verluste

P_R Rollwiderstandsleistung

P_{LW} Luftwiderstandsleistung einschließlich Ventilationsverluste der Räder

P_{St} Steigleistung

P_a Beschleunigungsleistung

} Leistungen aufgrund äußerer Kräfte

Der Leistungsbedarf kann aufgeteilt werden in Leistungen, die auf innere Verluste und äußere Kräfte zurückzuführen sind. Die Leistungen aufgrund äußerer Kräfte werden zusammengefasst als Fahrwiderstandsleistung bezeichnet:

$$F_Z \cdot v_F = P_R + P_{LW} + P_{St} + P_a \qquad \text{Gl. 2.2}$$

© Springer Fachmedien Wiesbaden GmbH, ein Teil von Springer Nature 2018
A. Link, *Analyse, Messung und Optimierung des aerodynamischen
Ventilationswiderstands von Pkw-Rädern*, Wissenschaftliche Reihe
Fahrzeugtechnik Universität Stuttgart, https://doi.org/10.1007/978-3-658-22286-4_2

Der Fahrwiderstand F_W des Fahrzeugs mit der Geschwindigkeit v_F ist der
Zugkraft F_Z gegenübergestellt. Beide sind von gleichem Betrag und haben ein
entgegengesetztes Vorzeichen:

$$F_Z = \underbrace{F_{Roll} + F_{LW} + F_{St} + F_a}_{\Sigma\,\text{Fahrwiderstände}} = \sum F_W \qquad\qquad \text{Gl. 2.3}$$

Je nach Betriebszustand und Anforderungen variieren die Anteile unterschiedlicher Teilwiderstände. Es kann in folgende Fahrwiderstände untergliedert
werden:

F_{Roll}:   Rollwiderstands in N
F_{LW}:   Luftwiderstands in N
F_{St}:   Steigungswiderstand in N
F_a: Beschleunigungswiderstand in N

Dabei stellen die Leistungen durch Rollwiderstand und Luftwiderstand irre-
versible Verluste dar. Beschleunigungsleistung und Steigleistung sind dage-
gen im Prinzip – abgesehen von Wirkungsgraden der Energiewandlung – re-
versibel. Je nach Wirkungsgrad der Rekuperationssysteme gewinnen daher der
Rollwiderstand und aerodynamische Verluste in Hinblick auf die Entwicklung
hybrider und vollelektrischer Fahrzeuge zunehmend an Bedeutung. In
Abbildung 2.1 sind die Fahrwiderstände eines Fahrzeugs skizziert, dabei sind
die Widerstände über die Fahrgeschwindigkeit aufgetragen.

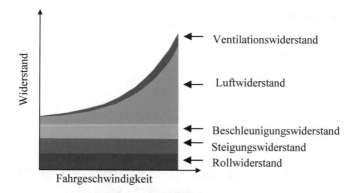

Abbildung 2.1: Skizze der Fahrwiderstände in Abhängigkeit von der Fahrgeschwindigkeit.

Es gilt im Windkanal $v_F = v_{Anströmung}$. Die zur Radrotation nötige Kraft wird über die Laufbänder der Radantriebseinheiten eingebracht. Die Laufbänder müssen dabei lediglich den Rollwiderstand, den Ventilationswiderstand und die Lagerreibung der Räder überwinden. Die Reifen laufen im Windkanal praktisch schlupffrei ab, da die Umfangskraft gegenüber der realen Straßenfahrt sehr klein ist. Daher ist im Windkanal von einem vernachlässigbaren Schlupf auszugehen und es gilt $v_F \approx v_{Laufband}$. In den folgenden Betrachtungen wird die Geschwindigkeit v als Fahrzeug-, Laufband- und Anströmgeschwindigkeit angegeben.

Rollwiderstand

Der Rollwiderstand ist ein mehrdimensionaler Widerstandsanteil und stark abhängig von Reifentyp, Radlast, Reifendruck und -temperatur. Unrau und Greiner zeigen dies im Detail [10]. Für die Berechnung des Rollwiderstands wird allerdings häufig folgender vereinfachter Zusammenhang angenommen:

$$F_R = f_R \cdot F_N = f_R \cdot (m_F \cdot g - c_A \cdot A_{Fx} \cdot \frac{\rho_L}{2} \cdot v^2) \qquad \text{Gl. 2.4}$$

Mit:

f_R: Rollwiderstandsbeiwert
F_N: Radaufstandskraft in N
m_F: Fahrzeugmasse in kg

g: Erdbeschleunigung in m/s²
c_A: Auftriebsbeiwert
A_{Fx}:   Fahrzeugstirnfläche in m²
ρ_L: Luftdichte in kg/m³
v: Fahrgeschwindigkeit in m/s

Dabei ist der erste Ausdruck in der Klammer die statische Fahrzeuglast und der zweite Ausdruck die geschwindigkeitsabhängige Auftriebskraft.

Unrau und Gauterin zeigten jedoch deutlich im Rahmen von Untersuchungen des Einflusses der Fahrbahnoberflächenkrümmung auf den Rollwiderstand, dass die vereinfachte Gleichung Gl. 2.4 mit konstantem Rollwiderstandsbeiwert nicht die Realität abbildet. In umfangreichen und zeitintensiven Messungen an Rollprüfständen konnten für den Reifendruck, die Radlast, die Umgebungstemperatur sowie die Geschwindigkeit Ausgleichskurven mit konstanten, linearen und quadratischen Anteilen erstellt werden. Als wichtige Anmerkung ist hier zu nennen, dass sie den Walkwiderstand F_{Walk} und den Luftwiderstand des Rades F_L zum Rollwiderstand F_R gemäß

$$F_R = F_{Walk} + F_L \qquad\qquad \text{Gl. 2.5}$$

zusammenfassen. Der Walkwiderstand unterliegt einer mehrdimenssionalen Abhängigkeit, bestehend aus Radlast, Reifendruck, Umgebungstemperatur sowie eingesetztem Reifentyp. Der Luftwiderstand bezeichnet den translatorischen und rotatorischen, aerodynamischen Widerstand des Reifens. Die Messungen Unraus fanden ohne Anströmung statt, weshalb nur der rotatorische, aerodynamische Widerstand des Rades Beachtung findet. Dieser Widerstandsanteil wird als Nullventilation F_{Vent} bezeichnet. M_{Vent} wurde am Prüfstand mit angehobenem Rad gemessen. Aus dem Antriebsmoment M_{Vent} an der Radnabe und dem dynamischen Reifenrollradius r_{dyn} berechnen Unrau und Gauterin F_{Vent}. r_{dyn} ist über den Abrollumfang im Fahrbetrieb definiert und ist nicht zu verwechseln mit r_{dyn}', dem Abstand zwischen Fahrbahn und Radnabenmitte, nach Wiedemann [9].

$$F_{Vent} = \frac{M_{Vent}}{r_{dyn}} \qquad\qquad \text{Gl. 2.6}$$

Essentiell für das weitere Verständnis ist, dass der von Unrau als Lüfterwiderstand beschriebene aerodynamische Widerstand ohne Anströmung gemessen wurde. Dieser wird in der Literatur auch als Zero-Ventilation oder Nullventilation bezeichnet. „Zero" soll hervorheben, dass die Anströmgeschwindigkeit Null, beziehungsweise vernachlässigbar gering ist.

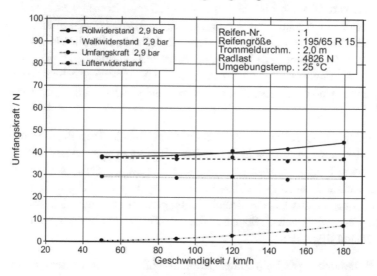

Abbildung 2.2: Rollwiderstandsmessungen Rollenprüfstand ohne Anströmung. Der Walkwiderstand ist gleich dem Rollwiderstand abzüglich des Lüfterwiderstands. Der Walkwiderstand muss aufgrund der Fahrbahnkrümmung zur Umfangskraft korrigiert werden. Der Lüfterwiderstand wurde mit angehobenem Rad ohne Anströmung gemessen. [10]

In Abbildung 2.2 sind Rollwiderstandsmessungen am Rollenprüfstand gezeigt, die Radlast wurde auf einen konstanten Wert geregelt. Dabei zeigt die durchgezogene Linie den mit der Geschwindigkeit ansteigenden Rollwiderstand. Gestrichelt ist darunter der Walkwiderstand – also Rollwiderstand abzüglich des Lüfterwiderstands – gezeigt. Die Messungen wurden an einem Trommelwiderstand durchgeführt, daher war eine geometrische Umrechnung vom Walkwiderstand auf die Umfangskraft von Nöten – für die Untersuchungen dieser Dissertation ist dies allerdings von untergeordneter Bedeutung, da alle Untersuchungen auf einem Flachband stattfanden und somit keine Umrechnung notwendig ist. Der Walkwiderstand ist über den gesamten Messbereich von 50 km/h bis 180 km/h als annähernd konstant anzusehen. Der Lüfterwiderstand zeigt einen Anstieg auf einen Betrag von ungefähr 20 % des Rollwiderstands. Unrau stellte erweiterte Modelle der aktuellen Norm zur Korrektur des Rollwiderstands bei Variation der Umgebungstemperatur und Fahrbahnkrümmung vor. Diese sehr detaillierten Korrekturmodelle Unraus und Gauterins sind reifenspezifisch und bedeuten einen enormen Messaufwand.

Die Norm ISO 28580 stellt seit 2009 den aktuellen Standard zur Bestimmung des Rollwiderstands in Europa dar [11]. Die Messungen werden auf Rollenprüfständen mit Innen- oder Außentrommeln durchgeführt. Teilweise ist noch eine ältere Richtlinie nach ISO 18164 in Gebrauch, die aber insbesondere bezüglich der Vergleichbarkeit der Prüfeinrichtungen untereinander Schwächen aufweist. Die wichtigsten Schritte der Rollwiderstandsmessung nach ISO 28580 sind folgende:

1. Der Reifendruck wird mit kalten Reifen, abhängig vom Reifentyp, auf 2,1 bar - 2,5 bar eingestellt.

2. Warmlauf mit 80 % der maximalen Radlast über 30 Minuten bei 80 km/h.

3. Kalibrierung der Messeinrichtung bei hoher Radlast und sehr niedriger Geschwindigkeit. Die Positionierung des Reifens relativ zur Rolle wird dabei mit einem Vorwärts- und Rückwärtslauf überprüft und somit systematische, geometrische Fehler korrigiert.

4. „Zwei-Punkt-Messung" bei (a) hoher und (b) niedriger Radlast bei einer Geschwindigkeit von 80 km/h. Die Messung mit sehr niedriger Radlast

(empfohlen werden maximal 100 N) wird als „Skimming" bezeichnet. Diese Messung dient zur Bestimmung des Lüfterwiderstands (ohne Anströmung, auch als „Zero-Ventilation" bezeichnet). Die Krümmung der Fahrbahnoberfläche führt zu einem veränderten Reifenlatsch und damit einer unterschiedlichen Walkarbeit. Die gemessenen Längskräfte werden zusätzlich in Abhängigkeit vom Rollendurchmesser korrigiert.

a. Messung bei 80 % der maximalen Radlast, 80 km/h, ohne Anströmung:

$$F_{X,80\%} = F_{Roll,80\%} + F_{Vent,Zero} + F_{Reib} \qquad \text{Gl. 2.7}$$

b. Messung bei einer Radlast von 100 N, 80 km/h, ohne Anströmung:

$$F_{X,Skimming} = F_{Roll,Skimming} + F_{Vent,Zero} + F_{Reib} \qquad \text{Gl. 2.8}$$

5. Der Rollwiderstand wird durch Differenzbildung der beiden Messungen 4a. und 4b. gebildet:

$$F_{Roll,80\%} = F_{X,80\%} - F_{X,Skimming} \qquad \text{Gl. 2.9}$$

Dabei wird der Rollwiderstand $F_{Roll,Skimming}$ der Skimmingmessung (4b) vernachlässigt. Der aerodynamische Einfluss der Messeinrichtung sowie die Lagerreibungsverluste werden bei beiden Messungen als gleich angesehen. Zu betonen ist an dieser Stelle, dass beide Messungen die gleiche Zero Ventilation beinhalten, also den Ventilationswiderstand des Rades ohne Anströmung. Wie später gezeigt wird, unterscheidet sich die Zero Ventilation vom Ventilationswiderstand mit Anströmung.

Vorteil der ISO 28580 gegenüber anderen Messvorschriften ist die Vergleichbarkeit der verschiedenen Messeinrichtungen untereinander. Wichtiger Bestandteil der Vorschrift ist nämlich die Normierung auf zwei Referenzreifen. Jede Messeinrichtung muss für die Referenzreifen bestimmte Genauigkeitsanforderungen erfüllen und kann danach mit einem Korrekturfaktor eigene Messungen durchführen.

Luftwiderstand

Der aerodynamische Widerstand ist bei höheren Geschwindigkeiten ab ca. 60 km/h der dominierende Anteil des Fahrzeugwiderstands. Dies ist auf die quadratische Geschwindigkeitsabhängigkeit des Luftwiderstands zurückzuführen. In der klassischen Betrachtung stellt der Luftwiderstand den aerodynamischen Widerstand des Fahrzeugs in Längsrichtung dar, die rotatorischen, aerodynamischen Verluste werden häufig dem Rollwiderstand zugesprochen [10]. Ursache für den Luftwiderstand sind hauptsächlich Druckunterschiede am Fahrzeugkörper in Fahrtrichtung mit einem Anteil von ca. 80 %. Als kleinere Komponenten sind die Oberflächenreibung und die Durchströmung von Kühlern und dem Motorraum mit jeweils ca. 10 % anzusehen. Die quadratische Abhängigkeit der Luftwiderstandskraft von der Geschwindigkeit wird durch folgende Gleichung beschrieben:

$$F_{LW} = c_W \cdot A_{Fx} \cdot \frac{\rho_L}{2} \cdot v^2 \qquad\qquad \text{Gl. 2.10}$$

Zusätzlich zum aerodynamischen Längswiderstand wirkt der aerodynamische Ventilationswiderstand an jedem rotierenden Rad. Dieser Widerstand ist vergleichbar mit dem Massenträgheitsmoment rotierender Körper und wirkt als Widerstandsmoment um die jeweilige Radachse. Wie in dieser Arbeit beschrieben wird, ist der Ventilationswiderstand quadratisch von der Rad-Rotationsgeschwindigkeit bzw. der Fahrzeuggeschwindigkeit abhängig. Über den dynamischen Reifenrollradius r_{dyn} kann die zur Überwindung des Ventilationswiderstandsmoments nötige Kraft F_{Vent} definiert werden (siehe auch Abbildung 2.3):

$$F_{Vent} = \sum_{i=1}^{4} \frac{M_{Vent,i}}{r_{dyn,i}} = c_{Vent} \cdot A_{Fx} \cdot \frac{\rho_L}{2} \cdot v^2 \qquad \text{Gl. 2.11}$$

Für beide Gleichungen gilt:

c_W: Widerstandsbeiwert
c_{Vent}:   Ventilationswiderstandsbeiwert
M_{Vent}:   Ventilationswiderstandsmoment in Nm
A_{Fx}:   Fahrzeugstirnfläche (Projektionsfläche) in m²
ρ_L: Luftdichte in kg/m³

r_{dyn}:   Dynamischer Reifenrollradius in m
v: Fahrzeuggeschwindigkeit in m/s

Da sowohl der Widerstandsbeiwert als auch der Ventilationswiderstands-beiwert auf die Stirnfläche des Fahrzeugs bezogen sind, können beide Beiwerte hinsichtlich ihrer Auswirkung direkt miteinander verglichen werden. Der Ventilationswiderstand ist ein zusätzlicher Widerstand zum Luftwider-stand.

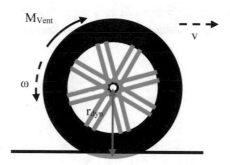

Abbildung 2.3: Aus dem Quotienten des Ventilationswiderstandsmoments M_{Vent} und dem dynamischen Reifenrollradius r_{dyn} wird der Ventilationswiderstand F_{Vent} gebildet, siehe Gleichung Gl. 2.11.

Hangabtrieb und Beschleunigung

Diese beiden Fahrwiderstandsanteile spielen für dieses Projekt keine große Rolle, da sie im Windkanal bei allen Versuchen, die mit konstanter Geschwindigkeit gefahren werden, nicht auftreten. Die Leistungen, die fahrzeugseitig zur Überwindung dieser Widerstände aufgebracht werden müssen, sind aber auch bei der realen Straßenfahrt bei rekuperationsfähigen Fahrzeugen nur von untergeordneter Bedeutung. Sie vergrößern damit aber den Anteil des Roll- und Luftwiderstands am gesamten Fahrwiderstand umso mehr. Für die Aufteilung des Fahrwiderstands in Teilwiderstände im Rahmen des WLTC müssen sie allerdings bekannt sein. Die Hangabtriebskraft ist definiert durch:

$$F_{St} = m_F \cdot g \cdot \sin(\alpha_{St}) \qquad \text{Gl. 2.12}$$

Mit:

m_F: Fahrzeugmasse in kg

g: Erdbeschleunigung in m/s²

α_{St}:   Steigungswinkel in deg

Die Beschleunigungskraft setzt sich aus einer translatorische und einer rotatorische Komponente zusammen. Die resultierende Beschleunigungskraft kann wie folgt angegeben werden:

$$F_a = \left(m_F + \frac{\sum J_{redRad}}{r_{dyn}^2} \right) \cdot a_F = m_{res} \cdot a_F \qquad \text{Gl. 2.13}$$

Mit:

J_{redRad}:   Auf Raddrehzahl reduzierte Massenträgheitsmoment des Antriebsstrangs in kg·m²/s²

r_{dyn}:   Dynamischer Reifenrollradius in m

m_{res}:   Resultierende Fahrzeuggesamtmasse in kg

2.2 Definition des Ventilationswiderstands und seine Ursachen

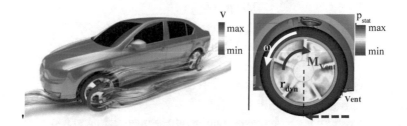

Abbildung 2.4: Strömungs- und Druckverhältnisse am rotierenden Fahrzeugrad. Der Ventilationswiderstand F_{Vent} ist proportional zum Widerstandsmoment M_{Vent}.

Der Ventilationswiderstand F_{Vent} ist proportional zum aerodynamischen Widerstandsmoment M_{Vent} der Räder um die jeweilige Radachse und resultiert aus der Rotation der Räder. Ursachen sind Oberflächenreibung und die ungleiche Druckverteilung an den Speichen. Wie Abbildung 2.4 zeigt, herrscht in Rotationsrichtung vor den Speichen ein höherer Druck als hinter den Speichen. Für den Ventilationswiderstand gilt:

$$F_{Vent} = \frac{M_{Vent}}{r_{dyn}} \qquad\qquad \text{Gl. 2.14}$$

Mit:

F_{Vent}: Ventilationswiderstand in N
M_{Vent}: Ventilationswiderstandsmoment in Nm
r_{dyn}: Dynamischer Reifenrollradius in m

Zur besseren Vergleichbarkeit und Einordnung in Relation zu den geläufigen Größen der Widerstands- und Auftriebsbeiwerte, wird der Ventilationsbeiwert ebenfalls auf die Stirnfläche des Fahrzeugs bezogen. Damit lautet die Definition des Ventilationswiderstandsbeiwerts:

$$c_{Vent} = \frac{F_{Vent}}{0.5 \cdot \rho_L \cdot A_{Fx} \cdot v^2}$$ Gl. 2.15

Mit:

A_{Fx}: Stirnfläche in m²
ρ_L: Luftdichte in kg/m³
v: Anströmgeschwindigkeit/Laufbandgeschwindigkeit in m/s

Der Verlustanteil durch die Ventilation stellt, ähnlich wie der Rollwiderstand, in der inzwischen in der Industrie verbreiteten und zum Standard entwickelten 5-Band-Windkanal-Messtechnik eine interne Kraft dar, die mit der externen Windkanalwaage nicht ohne weitere Maßnahmen erfasst werden kann. Das Ventilationsmoment verursacht einen Fahrwiderstand, der zusätzlich zum so ermittelten Luftwiderstand wirkt. Der „klassische" Luftwiderstandsbeiwert wird mit dem Widerstandsbeiwert c_W bezeichnet. Da c_{Vent} wie auch c_W auf dieselbe Stirnfläche A_{Fx} bezogen sind, können beide Beiwerte direkt miteinander verglichen werden. Nach Schütz et al. [12] kann aus der Summe von Ventilationswiderstands- und Luftwiderstandsbeiwert der erweiterte Luftwiderstandsbeiwert gebildet werden. Für diesen erweiterten Luftwiderstand wird im Folgenden der Beiwert c_W^* verwendet:

$$c_W^* = c_W + c_{Vent}$$ Gl. 2.16

c_{Vent}: Ventilationswiderstandsbeiwert
c_W: Luftwiderstandsbeiwert
c_W^*: erweiterter Luftwiderstandsbeiwert

Der rechts in Abbildung 2.4 skizzierte Ventilationswiderstand kann nach aktuellem Stand im Windkanal unter realistischen Straßenfahrtbedingungen nicht separat gemessen werden, sondern stets in Überlagerung mit den Roll- und Reibwiderständen. Für diese Arbeit ist insbesondere aus messtechnischer

Sicht eine weitere Größe entscheidend: der Radwiderstand. Als Radwiderstand wird die Summe der rotatorischen Widerstände eines Rades bezeichnet. Der Radwiderstand setzt sich im Windkanal bei stationärer Geschwindigkeit aus dem Rollwiderstand der Reifen, Reibwiderstand der Lager und dem Ventilationswiderstand der Räder zusammen:

$$F_{Rad} = F_{Roll} + F_{Reib} + F_{Vent} \qquad \text{Gl. 2.17}$$

Im Windkanal werden die zur Überwindung der vier Radwiderstände nötigen Antriebskräfte von den vier Radantriebseinheiten aufgebracht und über die Laufbänder übertragen.

2.3 Bestimmung des Kraftstoffverbrauchs

Um eine möglichst realistische und objektive, aber vor allem eine vergleichbare Bestimmung von Kraftstoffverbrauch und CO_2-Ausstoß zu ermöglichen, sind einheitliche und überwachte Testverfahren unerlässlich. Die Angabe der Verbrauchs- und Schadstoffwerte sind nicht nur für den Kunden von Bedeutung, sondern spielen auch auf politischer Ebene eine wichtige Rolle, insbesondere wenn es um mögliche Strafzahlungen im Zusammenhang mit einzuhaltenden Umweltrichtlinien geht.

NEFZ: Neuer Europäischer Fahrzyklus

Aktuell gilt in der EU der sogenannte Neue Europäische Fahrzyklus (NEFZ) zur Bestimmung von Verbrauchs- und Abgaswerten von Kraftfahrzeugen. Er ist bis heute in Europa gesetzlicher Standard bei der Bewertung unterschiedlicher Fahrzeugtypen. Der Fahrzyklus simuliert eine langsame Stadtfahrt mit Ampelphasen und anschließender Überlandfahrt mit einer maximalen Geschwindigkeit von 120 km/h. Der Fahrwiderstand wird durch Ausrollversuche ermittelt und auf dem Rollenprüfstand dem Fahrzeug als zu

überwindender Widerstand mit dem in Abbildung 2.5 gezeigten Geschwindig-
keitsprofil aufgeprägt. Aus Abgasmessungen wird der Kraftstoffverbrauch
ermittelt. Kritikpunkte am NEFZ sind unter anderem der – für die meisten
Fahrzeuge – unrealistische Geschwindigkeitsverlauf sowie die fehlende
Berücksichtigung der Variantenvielfalt vieler Fahrzeuge. Insbesondere
kundenspezifische Anbauteile, wie beispielsweise breitere Räder oder Seiten-
spiegelvarianten, werden im NEFZ häufig nicht betrachtet. Diese können aber
einen erheblichen zusätzlichen Luftwiderstand und damit erhöhten Verbrauch
verursachen. Auch elektrische Verbraucher wie zum Beispiel die
Fahrerassistenzsysteme sowie die Fahrzeugklimatisierung wirken sich im
NEFZ-Verbrauch nicht aus.

WLTP: Worldwide Harmonized Light Duty Test Procedure

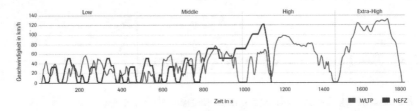

Abbildung 2.5: Vergleich der Geschwindigkeitsprofile des aktuellen NEFZ
(blau) und des zukünftigen WLTC (grün) als Teil der WLTP
[13].

Aktuell ist, im Rahmen der Worldwide Harmonized Light Duty Test
Procedure (WLTP), ein Testzyklus in der Entwicklung, der sogenannte
Worldwide Harmonized Light Duty Test Cycle (WLTC). Wie dem Namen
entnehmen zu ist, handelt es sich hier um eine Testprozedur mit möglichst
weltweiter Anwendung und Anerkennung. Geplant ist die Einführung im
September 2017. In Abbildung 2.5 ist der Geschwindigkeitsverlauf des WLTC
im Vergleich mit dem NEFZ gezeigt. Der neue Testzyklus zeichnet sich durch
die längere Zyklusdauer, die höhere maximale Geschwindigkeit sowie die
höhere Durchschnittsgeschwindigkeit aus. Die Dauer der Testprozedur wurde
von 20 Minuten auf 30 Minuten verlängert. Die Maximalgeschwindigkeit
wurde von 120 km/h auf 131 km/h erhöht, die Durchschnittsgeschwindigkeit

von 34 km/h auf 46,6 km/h erhöht. Durch die Erhöhung der Zyklusge-schwindigkeit gewinnt die Aerodynamik an Bedeutung. Insbesondere bei der Bewertung von Elektrofahrzeugen mit Rekuperationsmöglichkeit kommt den aerodynamischen Verlusten eine noch wichtigere Rolle zu. Eine knappe Übersicht ist in folgender Tabelle 2.1 gegeben, für tiefergehende Informationen wird der Blick in eine ausführliche Darstellung in [14] .

Tabelle 2.1: Vergleich der Fahrzyklen NEFZ und WLTC nach [14].

	NEFZ	**WLTC**
Starttemperatur (konditioniert)	20-30 °C	23 °C ± 5K (evtl. 14 °C in der EU)
Zykluszeit	20 min	30 min
Standzeitanteil	25 %	13 %
Zykluslänge	11 km	23,25 km
Geschwindigkeit	Mittel: 34 km/h Maximal: 120 km/h	Mittel: 46,6 km/h Maximal: 131 km/h
Antriebsleistung	Mittel: 4 kW Maximal: 34 kW	Mittel: 7 kW Maximal 47 kW
Einfluss Sonderausstattung und Klimatisierung	Wird gegenwärtig nicht berücksichtigt.	Sonderausstattungen werden für Gewicht, Aerodynamik und Bordnetzbedarf (Ruhestrom) berücksichtigt. Keine Klimaanlage.

Ein weiterer Unterschied zum NEFZ ist die Berücksichtigung jeder für den Verbrauch relevanten Konfigurationsänderung. Damit entfällt die Möglich-keit, den Verbrauch einer besonders strömungsgünstigen Fahrzeugkonfigura-tion beispielsweise auf die Performance-Variante eines Fahrzeugs zu über-tragen. Im Fall von aerodynamisch relevanten Konfigurationen kann dies eine große Zahl von Windkanalmessungen nach sich ziehen.

3 Stand der Technik

Die nachfolgende Vorstellung bisheriger Publikationen zum Forschungsthema Ventilationswiderstand von Scheiben und Rädern orientiert sich inhaltlich am zeitlichen Ablauf der Forschungsarbeit. Zunächst werden Veröffentlichungen zum Reibungsaspekt rotierender Scheiben vorgestellt, die bereits zu Beginn des 20. Jahrhunderts publiziert wurden. Anschließend werden Forschungsergebnisse aus Modellmaßstabmessungen des Einzelrads vorgestellt. Der bedeutendste Abschnitt widmet sich Windkanalmessungen im 1:1-Maßstab. Abschließend werden Ergebnisse numerischer Strömungssimulation präsentiert.

3.1 Untersuchungen zur Reibung von rotierenden Scheiben

Theodore von Kármán legte 1921mit theoretischen Überlegungen den Grundstein für die Untersuchungen des Ventilationsmoments von rotierenden Scheiben [15]. Aus den Navier-Stokes-Gleichungen leitete er über den Impulssatz die Schubspannung in Umfangsrichtung her und löste die Gleichungssysteme mit einer Näherungslösung. Dabei betrachtete er den Fall einer Scheibe, die nicht in axialer Richtung angeströmt wird. Für die Anwendung in der Fahrzeugentwicklung ist jedoch die Anströmung in seitlicher (Fahrzeuglängs-) Richtung von Interesse, die von ihm nicht betrachtet wurden. Der Sonderfall ohne Anströmung wird nun als Einstieg genutzt. 1934 präsentierte Cochran eine genauere Lösung der von v. Kármán aufgestellten Differentialgleichungen [16].

© Springer Fachmedien Wiesbaden GmbH, ein Teil von Springer Nature 2018
A. Link, *Analyse, Messung und Optimierung des aerodynamischen Ventilationswiderstands von Pkw-Rädern*, Wissenschaftliche Reihe Fahrzeugtechnik Universität Stuttgart, https://doi.org/10.1007/978-3-658-22286-4_3

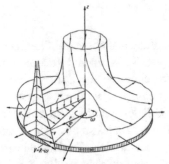

Abbildung 3.1: Das Geschwindigkeitsfeld im Bereich einer rotierenden, axial angeblasenen Scheibe zeigt die axialen, tangentialen und azimutalen Geschwindigkeitskomponenten [15].

Die Herleitung des aerodynamischen Widerstandsmoments M in Fluiden rotierender Scheiben publizierte von Kármán im Jahre 1921 [15]. Für das Drehmoment einer beidseitig benetzten Scheibe mit dem Radius R und der Winkelgeschwindigkeit ω gilt mit der kinematischen Viskosität ν und der Luftdichte ρ_L bei turbulenten Strömungsbedingungen:

$$M = 0,0728 \cdot R^5 \cdot \omega^2 \cdot \rho_L \cdot \left(\frac{\nu}{R^2 \cdot \omega}\right)^{\frac{1}{5}}$$

Gl. 3.1

Die Reynoldszahl Re rotierender Scheiben (mit $R \cdot \omega$ als charakteristische Geschwindigkeit und R als charakteristische Länge) lautet:

$$Re = \frac{R^2 \cdot \omega}{\nu}$$

Gl. 3.2

Mit der Definition des dimensionslosen Beiwerts c_M einer beidseitig benetzten rotierenden Scheibe mit der Bezugsfläche R^2, dem Hebelarm R und der Umfangsgeschwindigkeit $v_U = \omega \cdot R$ am Außenradius kann die Gleichung Gl. 3.1 wie folgt umgeformt werden:

$$M = \frac{1}{2} \cdot c_M \cdot \rho \cdot R^3 \cdot v_U^2 \qquad \text{Gl. 3.3}$$

Für Re > 3·10^5 gilt nach v. Kármán:

$$c_M = \frac{0{,}146}{\sqrt[5]{Re}} \qquad \text{Gl. 3.4}$$

Kempf [17] und Schmidt [18] veröffentlichten 1921 und 1922 experimentelle Ergebnisse und verglichen diese mit v. Kármáns Überlegungen. Sie konnten diese theoretischen Ansätze ebenso wie später u. a. Goldstein [19], Theodorsen und Regier [20] und Schlichtung und Truckenbrodt [21] bestätigen (s. Abbildung 3.2). Dabei ist besonders der laminar-turbulente Übergang im Bereich von Re = 1..3·10^5 zu erkennen. Ab Re > 3·10^5 ist die Grenzschicht vollständig turbulent ausgebildet.

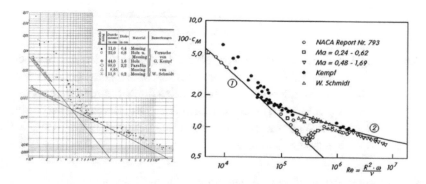

Abbildung 3.2: Der Ventilationswiderstandsbeiwert rotierender Scheiben nach Kempf [17] (links) und Schlichting [21] (rechts). Der Beiwert c_M ist dabei auf das Quadrat des Scheibenradius bezogen.

Nelka [22], Goldstein [19], Dorfman [23] und Dennington et al. [24] untersuchten das Ventilationsmoment in Fluiden rotierender Scheiben. Sie veröffentlichten unterschiedliche Ansätze für die Beschreibung des Einflusses der

Oberflächenrauigkeit auf das Ventilationsmoment. Durch das Anbringen rauer Schleifpapiere auf rotierenden Scheiben konnte der Ventilationswiderstand stark variiert werden (s. Abbildung 3.3).

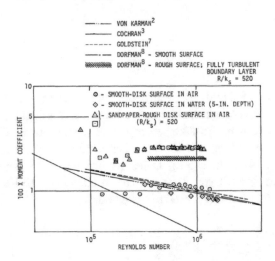

Abbildung 3.3: Untersuchungen von Nelka [22] zeigen den Einfluss der Oberflächenrauigkeit auf das Widerstandsmoment in Fluiden rotierender Scheiben und stellen die Messwerte den bis dato publizierten Werten gegenüber. Der Bereich einer turbulenten Strömung wird durch Reynoldszahlen von Re $> 3 \cdot 10^5$ gekennzeichnet.

Kernaussagen der in diesem Abschnitt gezeigten Untersuchungen sind die quadratische Abhängigkeit des Ventilationsmoments von der Umfangsgeschwindigkeit der Scheiben und die Beschreibung des Ventilationswiderstandsmoments durch einen Beiwert mit quadratischer Geschwindigkeitsabhängigkeit. Außerdem ist der turbulente Übergang in der Grenzschicht der rotierenden Scheiben festzuhalten. Ab einer Reynoldszahl $> 3 \cdot 10^5$ ist die Grenzschicht vollständig turbulent. Zudem reagiert der Ventilationswiderstand stark sensitiv auf Änderungen der Oberflächenrauigkeit der Scheiben. Es wird deutlich, dass eine Erhöhung der Oberflächenrauigkeit mit einer starken Erhöhung des Ventilationswiderstands verbunden ist.

Für das Forschungsprojekt ist von Interesse, in welcher Größenordnung sich das Ventilationsmoment in Bezug auf bekannte Fahrwiderstände bewegt. Bisher vorgestellte Untersuchungen beziehen den Ventilationswiderstandsbeiwert der Scheibe auf das Quadrat des Scheibenradius. Für alle Betrachtungen mit Bezug auf eine Fahrzeugstirnfläche A_{FX} wird der Ventilationsbeiwert c_{Vent} gebildet. Ob der Beiwert als Widerstand einer einzelnen Scheibe oder, wie bei Fahrzeuguntersuchungen üblich, als Summe von vier Rädern berechnet wurde, ist jeweils separat angegebenen. In der folgenden Tabelle ist das Umrechnungsverhältnis zwischen Werten aus Scheibenuntersuchungen in der Literatur und der Anwendung in der Fahrzeugentwicklung gezeigt.

Tabelle 3.1: Erläuterungen zum Zusammenhang der Ventilationswiderstandsbeiwerte c_M und c_{Vent}: c_M ist auf das Quadrat des Scheibenradius bezogen, c_{Vent} auf die Stirnfläche eines Fahrzeugs.

Scheibendurchmesser: D = 160 mm, Umfangsgeschwindigkeit (Geschwindigkeit am Scheibenradius R): v = 250 km/h		
c_M: **Beiwert für den Ventilationswiderstand einer Scheibe nach v. Kármán** mit Bezug auf das Quadrat des Scheibenradius	0,0113	$\cdot \dfrac{R^2}{A_{FX}}$
c_{Vent}: **Beiwert für den Ventilationswiderstand einer Scheibe oder eines Rades mit Bezug auf die Fahrzeugstirnfläche.** Da in diesem Fall D = 160 mm einem Raddurchmesser im 1:4-Maßstab entspricht: $A_{FX} = 2{,}1/16$ m²	0,0006	

3.2 Untersuchungen des Einzelrads

Erste experimentelle Ergebnisse rotierender Fahrzeugräder mit Anströmung publizierten Kamm und Schmid im Jahr 1938 [25]. Die Begriffe Ventilations- und Lüfterleistung wurden von ihnen geprägt. Sie führten im ehemaligen Windkanal des FKFS (Forschungsinstitut für Kraftfahrwesen und Fahrzeug- motoren Stuttgart) Ventilationswiderstandsmessungen eines Einzelrads ohne Bodenkontakt durch. Der Ventilationswiderstand wurde aus dem Antriebs- moment bestimmt.

Abbildung 3.4: Ventilationswiderstandsmessungen von Kamm und Schmid am Einzelrad im ehemaligen FKFS-Windkanal. Sie führten die ersten Ventilationswiderstandsmessungen mit An- strömung durch [25].

Sie fanden sowohl mit als auch ohne Anströmung am Fahrzeugrad einen quadratischen Zusammenhang zwischen dem Ventilationswiderstand und der Rotationsgeschwindigkeit beziehungsweise Anströmgeschwindigkeit. Der Ventilationswiderstand ist dabei stark von den Versuchsbedingungen ab- hängig. In Abbildung 3.5 ist der Verlauf des Ventilationswiderstands und des Antriebsmoments über einen Geschwindigkeitsbereich von 0 km/h bis 150 km/h gezeigt. Die wichtigste Erkenntnis ist dabei die Abhängigkeit des Ventilationswiderstands von der Anströmung, die zu einer Erhöhung des Ventilationsmoments führt. Vergleiche dazu Kurven 1 und 3. Mit An- strömung konnte eine Verdopplung des Ventilationswiederstands gemessen werden. Interessant ist außerdem, dass die frontale Abschirmung der oberen Radhälfte zu einer starken Reduktion des Ventilationswiderstands führt, vergleiche Kurven 2 und 5. Die Abschirmung zeigt ohne Anströmung keine Wirkung, vergleiche dazu Kurven 3 und 4.

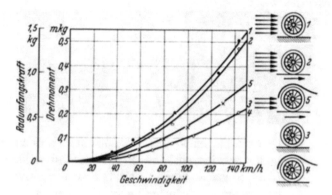

Abbildung 3.5: Der Verlauf des Ventilationswiderstands eines Einzelrads über einen Geschwindigkeitsbereich von 0 km/h bis 150 km/h aus Messungen von Kamm und Schmid. Es sind unterschiedliche Versuchsbedingungen gezeigt [25].

Aus den gegebenen Werten kann ein Radradius von $R \approx 0{,}35$ m berechnet werden, sowie der Ventilationswiderstand mit einer angenommenen Stirnfläche des Fahrzeugs von $A_{Fx} = 2{,}1$ m² abgeschätzt werden. Der Ventilationswiderstand des angeströmten Einzelrads ohne Abschirmung (Konfiguration 1 in der Abbildung) mit Bezug auf die Fahrzeugstirnfläche beträgt $c_{Vent} \approx 0{,}007$. Durch den Bezug auf die Stirnfläche kann c_{Vent} direkt mit dem Widerstandsbeiwert c_W in Relation gesetzt werden.

Hahnenkamm et al. [26] untersuchten 2013 den Ventilationswiderstand eines freistehenden Fahrzeugrads im Modellwindkanal. Der Messaufbau ist im Wesentlichen vergleichbar mit dem Prüfstand von Kamm und Schmid. Untersucht wurde ein Rad im 1:5-Maßstab, genaue Angaben zum Durchmesser sind nicht gegeben. Das zur Rotation der Räder nötige Moment stützte sich in den Untersuchungen über einen Hebelarm auf einer Kraftmesseinheit ab und ermöglichte so eine Bestimmung des Ventilationswiderstands. Die Messungen fanden ohne Bodenkontakt und bei einer maximalen Umfangs- bzw. Anströmgeschwindigkeit von 80 km/h statt.

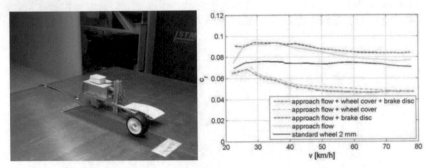

Abbildung 3.6: Untersuchungen von Hahnenkamm et al. [26] am Einzelrad im Modellwindkanal des LSTM in der Universität Erlangen. Links: Versuchsaufbau, rechts: Der Ventilationswiderstandsbeiwert unterschiedlicher Radkonfigurationen.

Die wichtigsten Ergebnisse dieser Veröffentlichung belegen die quadratische Abhängigkeit des Ventilationsmoments von der Rotationsgeschwindigkeit. Außerdem zeigt sich, dass das Ventilationsmoment durch die Abschirmung des Rades mit einem vereinfachten Radhaus um ca. 50 % abnimmt. In Abbildung 3.6 sind der Versuchsaufbau sowie der Einfluss der Abdeckung des Rades durch einen Deckel gezeigt. Vermutlich wurde hier der Ventilationswiderstand auf den Radius des Rads bezogen, was aus der Veröffentlichung aber nicht klar hervorgeht. Der Ventilationsbeiwert (in der Veröffentlichung als c_r bezeichnet) der Untersuchungen mit einem seitlich geschlossenen Rad beträgt bei 80 km/h ungefähr 0,045. Unter der Annahme, dass Hahnenkamm et al. den Beiwert c_r auf die Stirnfläche des Rads beziehen (s. Seite 77 der Veröffentlichung), entspricht der gezeigte Beiwert c_r des seitlich geschlossenen Einzelrades einem $c_M \approx 0,067$ und $c_{Vent} \approx 0,003$. Da keine Informationen verfügbar sind, wie Hahnenkamm et al. den Beiwert c_r definieren, wurden die genannten Werte auf Basis von Annahmen gebildet. Ein weiterer Punkt, der als kritisch zu betrachten ist, ist der Reynoldsbereich, in dem die Mes-

sungen durchgeführt wurden. Nach v. Kármán liegen die Strömungsbedingungen an Scheiben im Maßstab der hier gezeigten Untersuchungen im
Bereich von Re $\approx 0.85 \cdot 10^5$ und damit im laminaren Bereich.

Ähnliche Untersuchungen wurden zuvor von Jermy et al. [27] mit freistehenden, einzelnden Fahrrad-Rädern unter frontaler und schräger Anströmung
durchgeführt. Die Messungen wurden im Modellwindkanal mit einer Düsen-
größe von 0,9 m·1,2 m durchgeführt. Die Messgeschwindigkeit betrug dabei
maximal 50 km/h. Dies entspricht einem Reynoldszahlbereich von 0 bis $3 \cdot 10^5$
und liegt damit im laminar-turbulenten Übergangsbereich bis hin zu volltur-
bulenten Strömungsverhältnissen.

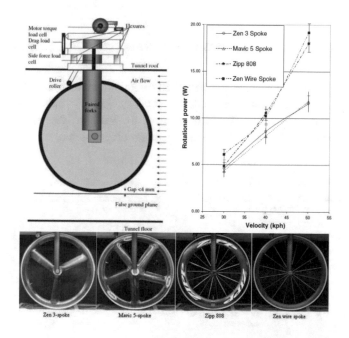

Abbildung 3.7: Untersuchung des Ventilationswidersands von Fahrrad-
rädern. Links: Versuchsaufbau in einem Modellwindkanal.
Rechts: Ventilationswiderstandsleistung verschiedener Felgen.

Fazit seiner Untersuchungen ist, dass der rotatorische Verlust von Fahrrad-
rädern mit Speichen 25-50 % des gesamten aerodynamischen Widerstands des
Rads betragen kann. Gegenüber Speichenrädern betrug der Ventilationswiderstand geschlossener Scheibenräder in den meisten Fällen ca. 50 %. In
Abbildung 3.7 ist der Versuchsaufbau gezeigt sowie die Ventilationswiderstandsleistung verschiedener Speichentypen. Räder mit einer geringeren
Speichenanzahl wiesen einen geringeren Ventilationswiderstand auf. Diese
Fahrradräder besitzen zwar nur bedingt Ähnlichkeit zu Fahrzeugrädern, bieten
mit den Grundlagenuntersuchungen rotierender Scheiben jedoch gute Ver-
gleichsmöglichkeiten.

3.3 Untersuchungen des Gesamtfahrzeugs im 1:1-Maßstab

Es gibt bisher nur wenige Veröffentlichungen, die sich konkret mit der Mes-
sung des Ventilationswiderstands im 1:1-Windkanal beschäftigen. Auf die
Veröffentlichungen von Wickern et al. [28], Vdovin [29] und Mayer und
Wiedemann [30] wird im Folgenden genauer eingegangen.

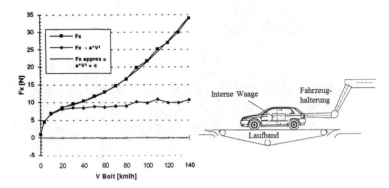

Abbildung 3.8: Links: Der Radwiderstand aus Messungen im Windkanal mit
interner Waage ohne Anströmung. Der Radwiderstand ist
außerdem abzüglich des quadratischen Widerstandanteils
gezeigt. Rechts: Versuchsaufbau bei Messungen mit interner
(im Fahrzeug befindlichen) Waage nach Wickern et al. [28].

Wickern et al. befassten sich grundlegend mit den Möglichkeiten zur Messung des Ventilationswiderstands, in den zur Zeit der Veröffentlichung zur Verfügung stehenden Windkanälen. Dabei wurden Messungen im Windkanal mit 1-Band-System zur Straßenfahrtsimulation und interner Waage genauer betrachtet. Auf die Laufbandsysteme wird im anschließenden Unterkapitel näher eingegangen. Als interne Waage werden Windkanalwaagen bezeichnet, die sich im Inneren des Versuchsfahrzeugs befinden und über eine Halterung mit dem ungewogenen System verbunden sind. In der Regel können diese Waagen den Längswiderstand, Auftrieb und Seitenkraft messen, sowie die dazugehörigen Momente. Wickern et al. greifen auf den Messaufbau von Mercker et al. [31] zurück und setzen diesen für Ventilationsuntersuchungen ein. Sie entfernten die Fahrzeugfedern und Dämpfer.

Durch diese Modifikation lagen die Räder lediglich mit dem Eigengewicht auf bzw. wurden mit einer speziellen pneumatischen Vorrichtung leicht angehoben, um einer Beschädigung des Laufbands vorzubeugen. Dies führte zu einer sehr geringen Radlast. Zusätzlich kann das Rad bei Aufweitung des Reifens in das Radhaus ausweichen und so eine Radlasterhöhung infolge der Reifenaufweitung verhindert werden. Die zur Radrotation nötige Umfangskraft wird im 1-Band-System vom Laufband aufgebracht. Das Laufband selbst ist nicht Teil des gewogenen Systems. Die Umfangskraft wird über die Radnaben auf die interne Waage übertragen und kann dort als Längskraft erfasst werden. Wickern et al. führten Messungen ohne Anströmung durch, der gemessene Widerstand ist links in Abbildung 3.8 gezeigt. Für den gezeigten Widerstandsverlauf wurde eine quadratische Abhängigkeit von der Geschwindigkeit identifiziert und so ein Ventilationswiderstandsbeiwert bestimmt. Der auf diese Weise, also ohne Anströmung, gemessene Ventilationswiderstand wird als Zero-Ventilation bezeichnet und kann nur in Überlagerung mit dem Rollwiderstand erfasst werden.

Im 1-Band-System ist die Kraft, die zur Rotation der Räder aufgebracht werden muss, aus Sicht der internen Waage eine externe Kraft. In Abbildung 3.9 sind die je nach Versuchsbedingungen im Windkanal mit interner Waage gemessenen Längskräfte dargestellt. Auf die drei verschiedenen Versuchsbedingungen soll nun näher eingegangen werden. Vb bezeichnet dabei die Laufbandgeschwindigkeit und V0 die Geschwindigkeit, die am Laufband oder als Strömungsgeschwindigkeit eingestellt werden kann.

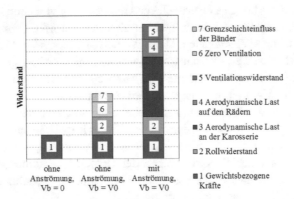

Abbildung 3.9: Bei der Messung im 1-Band-System mit interner Waage gemessene Kräfte, nach [28] aus dem Englischen übersetzt. Vb ist die Laufbandgeschwindigkeit, V0 ist die Messgeschwindigkeit.

Messung 1: Ohne Anströmung, Vb = 0

Sowohl das Laufband als auch die Windkanalturbine stehen still. Es werden lediglich die gewichtsbezogenen Kräfte (1) erfasst. Die statische Fahrzeuglast wirkt zwar nur in vertikaler Richtung, kann sich durch Elastizitäten des Versuchsaufbaus oder durch eine nicht perfekt ausgerichtete Waage als Längskraft auswirken. Diese Einflüsse können mit dieser Tara-Messung erfasst werden.

Messung 2: Ohne Anströmung, Vb = V0:

Das Laufband wird mit der Messgeschwindigkeit bewegt, die Turbine des Windkanals steht still. Zusätzlich zu den gewichtsbezogenen Kräften (1) wird nun der Rollwiderstand (2) erfasst sowie die Zero-Ventilation (6) – dem Ventilationswiderstand der Räder ohne Anströmung. Außerdem wird der Einfluss der vom Laufband mitgerissenen Grenzschicht erfasst, die zu einer veränderten Druckverteilung auf der Fahrzeugkarossiere und damit zu Widerstand und Auftrieb sorgen kann (7).

Messung 3: Mit Anströmung, Vb = V0:

Zur Rotation der Räder müssen nun der Rollwiderstand (2) und der Ventilationswiderstand (5) überwunden werden, die sich als Längskraft über die Radnaben auf der Waage abstützen. Der wahre Ventilationswiderstand wird in diesem Messaufbau bei Messungen mit Anströmung vollständig erfasst. Zusätzlich wird aber auch die aerodynamische Last der Anströmung aufgenommen (3 und 4).

Der Ventilationswiderstand kann also nur in Überlagerung mit dem aerodynamischen Widerstand gemessen werden, ohne Anströmung kann lediglich die Zero-Ventilation gemessen. Die Autoren Wickern et al. vermuten, dass sich die Zero-Ventilation im gleichen Größenordnungsbereich befindet wie der „wahre" Ventilationswiderstand mit Anströmung [28]. Diese Aussage steht im Konflikt mit Messungen von Kamm und Schmid, die am Einzelrad einen Anstieg des Ventilationsmoments unter Anströmung messen konnten [25], vergleiche Kapitel 3.2. In Abbildung 3.10 sind Ergebnisse aus Messungen unterschiedlicher Räder mit Anströmung im 1-Band-System gezeigt. Das Diagramm zeigt pro Radkonfiguration die Differenz zweier Messungen mit unterschiedlicher Tarierung. Die Tara-Messungen wurden ohne Anströmung durchgeführt. Die beiden Tara-Messungen unterscheiden sich durch unterschiedliche Laufbandgeschwindigkeiten: 20 km/h und 140 km/h. Nach Abbildung 3.9 wurde bei der Tarierung die Zero-Ventilation und der Grenzschichteinfluss des Landbandes sowie der Rollwiderstand erfasst. Die aerodynamischen Widerstände sind bei der Messung mit 20 km/h vernachlässigbar gering. Die Differenz der beiden unterschiedlich tarierten Messungen entspricht somit der Zero-Ventilation und dem Grenzschichteinfluss des Laufbandes. Der so gemessene, maximale Zero-Ventilationswiderstandsbeiwert einer Leichtmetallfelge ohne Abdeckung und profilierten Reifen lag bei $c_{Vent,Zero} = 0,012$. Die Differenz zwischen der Basisfelge und der glatt geschlossenen Felge beträgt lediglich $c_{Vent,Zero} = 0,012 - 0,011 = 0,001$.

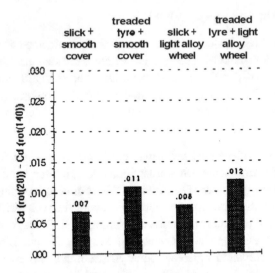

Abbildung 3.10: Dargestellt ist jeweils die Differenz aus zwei Messungen unterschiedlichen Tarierungsgeschwindigkeiten. Die Messungen fanden unter Anströmung statt, die Tarierungen wurden ohne Anströmung bei 20 km/h und 140 km/h durchgeführt. Diese Differenz entspricht folglich der Zero-Ventilation [28]. Die Radlast betrug weniger als 50 N.

Außerdem werden Überlegungen vorgestellt, die die vorherrschenden Kräfte im 5-Band-Windkanal beschreiben und die dabei insbesondere auf den Ventilations- und Rollwiderstand als interne Kraft eingehen. Es wird gefolgert, dass der im 5-Band-System gemessene aerodynamische Widerstand aufgrund des Ventilationswiderstands als interne Kraft im Bereich von ca. 10 Punkten ($\Delta c_W = 0{,}010$) zu niedrig ist. Die Aufteilung der im Windkanal mit 5-Band-System messbaren Widerstände verdeutlicht Abbildung 3.11. Ergebnis der Arbeit war eine Abschätzung der systematischen Messfehler, die je nach Messverfahren auftreten. Außerdem wird erläutert, welche Modifikationen nötig sind, um im 5-Band-System den Ventilationswiderstand mit Anströmung zu erfassen. Diese Aussagen gelten nur unte der Voraussetzung eines konstanten Rollwiderstands. Mercker et al. gehen nicht auf einen möglichen Einfluss der Reifentemperatur auf den Rollwiderstand ein, der allen Messungen mit bewegtem Band überlagert ist.

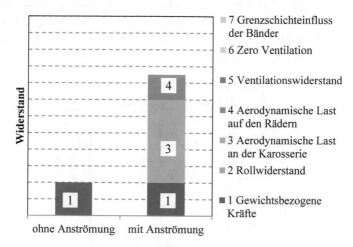

Abbildung 3.11: Im Windkanal mit einem 5-Band-System und interner Waage gemessene Kräfte, nach [8] aus dem Englischen übersetzt.

Wiedemann präzisiert in einer Patentschrift einen möglichen Messaufbau [32], der allerdings – wie alle anderen Messverfahren – nicht zwischen Ventilations- und Rollwiderstand unterscheiden kann. Diese Arbeit stellt eine wichtige Basis für das in dieser Dissertation vorgestellte FAT-Forschungsvorhaben dar.

Eine andere Herangehensweise wurde von Mayer und Wiedemann gewählt [30]. Sie führten Messungen mit einem Fahrzeug im angehobenen Zustand durch, also ohne Kontakt der Räder zum Boden. Die Federbeine wurden durch starre Elemente ersetzt. Das Fahrzeugrad bildete mit den Windkanal-Laufbändern einen 4 mm breiten Spalt (nähere Informationen zu Laufband-systemen in Kapitel 4.1). An der Antriebsachse eines Vorderrads wurden Dehnmessstreifen zur Messung des Antriebsmoments eingesetzt. Das Lager-reibungsmoment bestimmten sie in separaten Messungen und konnten so aus dem Antriebsmoment das Ventilationsmoment bestimmen. In Abbildung 3.12 sind die Ventilationsmomente einer 19''-Felge mit und ohne Abdeckung

sowie mit und ohne Anströmung gezeigt. Eine wichtige Erkenntnis aus diesen
Messungen ist – neben der Reduktion des Ventilationswiderstands durch eine
Abdeckung – die Tatsache, dass sich das Ventilationsmoment mit An-
strömung signifikant erhöht. Die Differenz der offenen zur geschlossenen
Felge von ca. 0,2 kW bei einer Geschwindigkeit von 175 km/h entspricht für
das Gesamtfahrzeug einer Differenz von $\Delta c_{Vent} \approx 0,006$.

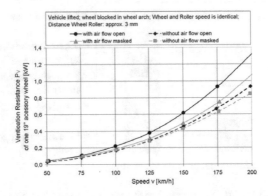

Abbildung 3.12: Ventilationswiderstandsleistungen verschiedener Räder mit
und ohne Abdeckung aus Messungen mit angehobenem
Fahrzeug nach Mayer und Wiedemann [30].

Eine weitere wichtige und aktuelle Arbeit zur Erforschung des Ventilationswiderstands stammt von Alexey Vdovin et al. [29]. Sie führten im 1:1-
Windkanal von Volvo mit 5-Band-System Messungen mit einem starren
Federbein und damit fixierten Radhöhe durch. Vdovin et al. konnten an den
Radantriebseinheiten die Umfangskräfte der Räder, also die zur Radrotation
von den Laufbändern aufzubringenden Kräfte, direkt an den Radantriebseinheiten messen. Dieses Vorgehen wurde von Wiedemann [32] und Wickern
et al. [28] vorgeschlagen. Die Reifenaufweitung wurde durch Anheben des
Fahrzeugs mit den Schwellerstützen ausgeglichen.

Abbildung 3.13: Vdovin et al. führten Messungen mit einem fixierten Fahrwerk (links) durch und untersuchten eine Vielzahl verschiedener Felgensetups (rechts) [29].

Der Ventilationswiderstandsbeiwert wurde auch hier in quadratischer Abhängigkeit von der Rotationsgeschwindigkeit angegeben. Die Differenz in der Ventilationsleistung zwischen geschlossener Felge und einer Felge mit Widerstandselementen an den Speichen beträgt bei 200 km/h ungefähr 1.75 kW bei einer maximalen Ventilationsleistung von knapp 6 kW für alle vier Räder und ist damit in plausibler Übereinstimmung mit den Ergebnissen von Mayer und Wiedemann (Abbildung 3.12), die bis zu 1,3 kW pro Rad feststellten. Dies entspricht schätzungsweise einem $\Delta c_{Vent} = 0,008$ bei einem maximalen Ventilationswiderstandsbeiwert von $c_{Vent} = 0,028$. Vdovin et al. machen keine Aussage zur Wiederholbarkeit seiner Messungen. Da die Aufweitung der Reifen optisch gemessen und das Fahrzeug entsprechend der jeweiligen Geschwindigkeit angehoben wurde, ist kritisch zu hinterfragen, inwiefern der Rollwiderstand über den gesamten Geschwindigkeitsbereich konstant gehalten werden kann. Da die Räder durch die starren Federbeine nicht ausweichen können, ist durch die Reifenaufweitung eine Erhöhung der Radlast zu erwarten, was wiederum zu einer Änderung der Walkarbeit führt. Zur Reifentemperatur wurde in der Arbeit von Vdovin keine Aussage gemacht. Außerdem kann durch das Anheben des Fahrzeugs keine gleichzeitige Messung des Ventilationswiderstands und des Luftwiderstands erfolgen.

3.4   Untersuchungen mit numerischer Strömungssimulation

In der Arbeit von Vdovin et al. [33] wird auf den Ventilationswiderstand von
Fahrzeugrädern und dessen Aufteilung auf Reifen und Felge eingegangen. Die
Felgenrotation wurde mit MRF (Multiple Reference Frame) simuliert. Es wird
gezeigt, dass der Ventilationswiderstand eine quadratische Abhängigkeit von
der Rotationsgeschwindigkeit der Räder aufweist. Somit kann ein Ventilationswiderstandsbeiwert c_{Vent} ähnlich dem Widerstandsbeiwert c_W gebildet
werden. Der Vergleich einer 17 Zoll-Felge mit fünf Speichen mit einer geschlossenen Felge zeigt eine Reduktion des Ventilationswiderstands um circa
4 Punkte für die geschlossene Felge. Der Ventilationswiderstand der geschlossenen Felge beträgt für das Gesamtfahrzeug $c_{Vent} \approx 0{,}008$.

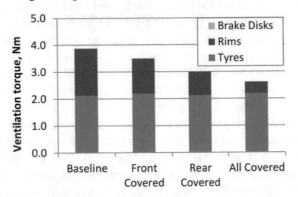

Abbildung 3.14: Ventilationswiderstand offener und geschlossenen Felgenkonfigurationen nach CFD-Untersuchungen von Vdovin et
al. [33]. Das Ventilationswiderstandsmoment der Reifen
bleibt annähernd konstant, das der Bremsscheiben ist vernachlässigbar gering.

Der Einfluss der Bremsscheiben auf den Ventilationswiderstand wurde als
vernachlässigbar gering eingestuft, es wird allerdings auf mögliche Sekundär-
effekte durch eine veränderte Durchströmung der Felgen hingewiesen. Vdovin
untersucht außerdem unterschiedliche Simulationsmodelle für die Rotation
der Felgen: Sliding Mesh, MRF und Rotating Wall. Beim Sliding Mesh-

Modell wird das Oberflächennetz mit jedem Zeitschritt rotiert. Dieses Modell ist nach aktuellem Stand allerdings auf die Rotation der Felgen beschränkt. Der Reifen wird meist mit einer Rotating Wall-Randbedingung definiert, da der im Latsch deformierte oder den Boden schneidende Reifen nicht rotiert werden kann. Im MRF-Modell (Multiple Reference Frame) wird einem rotationssymmetrischen Volumen im Felgenstern eine konstante, rotatorische Geschwindigkeitskomponente zugewiesen. Der durch dieses Volumen strömenden Luft wird diese Geschwindigkeitskomponente aufgeprägt. Auf diese Weise kann in einer stationären Simulation eine bewegte Felge simuliert werden. Das einfachste Modell, die Rotating Wall-Randbedingung, kommt bei rotationssymmetrischen Körpern zum Einsatz. Der auf eine mit dieser Randbedingung ausgestatteten Oberfläche treffenden Strömung wird eine definierte Geschwindigkeitskomponente addiert. In einer Arbeit von Tesch und Modlinger [34] wurde eine Felge hinsichtlich ihres Ventilations-widerstands mithilfe numerischer Strömungssimulation (CFD) optimiert, Abbildung **3.15**. Dabei konnte der Ventilationswiderstand im Vergleich zu herkömmlichen Felgen deutlich gesenkt werden.

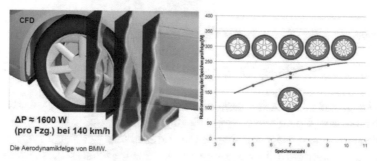

Abbildung 3.15: Optimierung einer Felge mit numerischer Strömungs-simulation. Links: Ansicht mit Geschwindigkeitsver-teilung. Rechts: Verlustleistung von Felgen mit zunehm-ender Speichenanzahl [34].

Die CFD-Simulationen wurden mit Messungen auf einem Rollenprüfstand und Ausrollmessungen verglichen. Dabei konnten Resultate erzielt werden, die gleiche Tendenzen zeigen wie die Ergebnisse der numerischen Strömungs-

simulation. Ein weiterer Fokus der Arbeit liegt auf dem Einfluss der Felgen-
größe sowie der Speichenanzahl und der damit verbundenen Ventilationsverluste. Die Differenz der Ventilationsverlustleistungen zwischen einer
Serienfelge und der optimierten Felge entspricht bei 140 km/h einer Ven-
tilationswiderstandsdifferenz $\Delta F_{Vent} = \frac{1600\ W}{(140/3,6)\ m/s} \approx 41\ N$. Dies entspricht
$\Delta c_{Vent} \approx 0{,}021$, also einem Einsparpotential von 21 Punkten. Eine zunehmende
Speichenanzahl führte zu einer degressiven Zunahme des Ventilationswiderstands.

Abbildung 3.16: Eine von Tesla mit numerischer Strömungssimulation entwickelte Felge mit einem geringen Ventilationswiderstandsbeiwert $c_{Vent} = 0{,}007$ für das Gesamtfahrzeug [35].

D'Hooge et al. führten für Tesla mit der CFD-Software EXA PowerFLOW
Arbeiten zur Optimierung von Felgen in Bezug auf den Ventilationswiderstand durch [35]. Sie simulierten die Rotation der Felgen mit einem
Sliding Mesh-Modell. Dabei betrug der Ventilationswiderstandsbeiwert des
Gesamtfahrzeugs $c_{Vent} = 0{,}020$ und konnte durch Geometrievariation auf
$c_{Vent} = 0{,}007$ reduziert werden und zeigte damit ein Einsparpotential von
13 Punkten. Zusätzlich konnte der Widerstandsbeiwert c_W um 7 Punkte
reduziert werden. Als Ergebnis stellte Tesla eine weitestgehend geschlossene
Felge mit einer Öffnung des äußeren Felgenradius vor. Das Felgendesign
konnte sich am Markt nicht behaupten und wurde wieder aus dem Programm
genommen. In der Veröffentlichung wird erwähnt, dass die Simulationsergebnisse mit Ausrollversuchen bestätigt werden konnten. Messergebnisse
werden allerdings nicht vorgestellt.

4 Prüfstände

Bevor auf die in diesem Projekt eingesetzten Windkanäle eingegangen wird, sollen zunächst grundlegende Informationen zur Funktionsweise von Windkanälen unterschiedlicher Bauart gegeben werden.

4.1 Funktionsweise und Merkmale von Windkanälen

Windkanal-Bauarten

Windkanäle können in Abhängigkeit von der Art der Luftführung in zwei Bauarten unterschieden werden: Windkanäle mit geschlossener und mit offener Rückführung. Die geschlossene Rückführung findet sich häufig in Deutschland sowie auch international im Automobilbereich als „Göttinger Bauart". Darunter versteht man die Ausführungsform mit Freistrahlmessstrecke, im Gegensatz zur geschlossenen Rückführung mit festen Wänden. Ein Beispiel für die offene Rückführung stellt die Eiffel-Bauart dar.

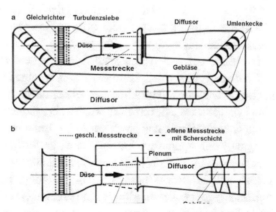

Abbildung 4.1: Die zwei unterschiedlichen Bauarten von Windkanälen. Oben: Mit geschlossener Rückführung, Göttinger Bauart, unten: Offene Rückführung, Eiffel Bauart [36].

© Springer Fachmedien Wiesbaden GmbH, ein Teil von Springer Nature 2018
A. Link, *Analyse, Messung und Optimierung des aerodynamischen Ventilationswiderstands von Pkw-Rädern*, Wissenschaftliche Reihe Fahrzeugtechnik Universität Stuttgart, https://doi.org/10.1007/978-3-658-22286-4_4

Bei der häufig verbreiteten geschlossenen Rückführung wird die Luft nach dem Durchströmen der Messstrecke von einem Diffusor eingefangen und über zwei Umlenkecken zum Gebläse zurückgeführt und anschließend über zwei weitere Umlenkecken erneut Richtung Düse gefördert (siehe Abbildung 4.1). Der Düse vorgelagert ist ein Gleichrichter zur Strömungsausrichtung sowie Turbulenzsiebe zur Reduktion der Turbulenz. In Abhängigkeit vom Kontraktionsverhältnis der Düse zur Vorkammer wird die Luft in der Düse auf die Messgeschwindigkeit beschleunigt, mit der das zu messende Objekt angeströmt wird. Der statische Druck der Anlage bleibt auch bei einer möglichen Temperaturerhöhung der Luft während des Versuchs konstant, indem mit sogenannten Atmungsöffnungen eine Verbindung zur Umgebung geschaffen wird.

Bei Windkanälen der Eiffel Bauart entfällt die Rückführung der Luft durch einen definierten Kanal. Vielmehr wird die Luft über einen langen Diffusor in die Umgebung ausgeblasen. Aus der Umgebung wird Frischluft angesaugt und mit der Düse auf die Messgeschwindigkeit beschleunigt. Der Einfluss des natürlichen Windes wird mit Gleichrichter und Turbulenzsieben reduziert. Außerdem wird bei Windkanälen mit offener Luftführung ein Fangnetz benötigt um das Ansaugen von größeren Gegenständen in die Messstrecke zu verhindern. Zusätzlich zur unterschiedlichen Bauart der Windkanaltypen kann die Messstrecke in einer geschlossenen oder offenen Form realisiert werden. Mit offener Messstrecke bildet sich im Plenum eine Scherschicht aus, die insbesondere mit Blick auf die Aeroakustik eine große Herausforderung darstellt. Im Windkanal des IVK konnte mit dem eigens entwickelten FKFS *besst*® eine akustische Neutralität bei gleichzeitiger Kontrolle des Druckgradienten in der Messstrecke erreicht werden. Der Druckgradient in der Messstrecke kann je nach Windkanal stark variieren. Ein Korrekturverfahren sowie die Auslegung der optimalen Düsenfläche für Stufenheckfahrzeuge publizierten Mercker und Cooper [37] auf Basis der Arbeiten von Mercker und Wiedemann in [38] und [39]. Bei Windkanälen mit geschlossener Messstrecke stellen fahrzeugabhängige Interferenzeffekte eine große Herausforderung dar. Um den Verblockungseffekten entgegenzuwirken, wurden Kanäle mit geschlitzten oder bewegbaren Wänden entwickelt [40]. Windkanäle mit offener Messstrecke haben sich in der Entwicklung von Serienfahrzeugen als praktikabler, kostengünstiger und effizienter erwiesen.

Der Vorteil von Windkanälen geschlossener Bauart ist die Beherrschbarkeit der Lufttemperatur und damit einer Unabhängigkeit von der Witterung. Für klimatisierte Windkanäle ist daher die geschlossene Rückführung die einzige Option. Außerdem kann der Windkanal ohne akustische Belastung der Umwelt betrieben werden. Windkanäle der Eiffel Bauart hingegen sind in der Regel mit deutlich geringeren Anschaffungs- und Betriebskosten verbunden. Der Entfall der Rückführung ist außerdem mit einem geringeren Platzbedarf verbunden.

Laufbandsysteme

Im realen Fahrzustand auf der Straße wird das Fahrzeug mit der Geschwindigkeit v_F über eine feststehende Straße durch ruhende Luft bewegt – ohne Berücksichtigung von Seitenwinden. Soll diese Situation im Windkanal kinematisch richtig nachgebildet werden, so muss die Straße relativ zum nunmehr stehenden Fahrzeug bewegt werden, und zwar mit derselben Geschwindigkeit wie die Luft. Dies erfolgt in modernen Automobilwindkanälen mit Hilfe von Laufbandsystemen. Auf diese Weise stellt sich eine realitätsnahe Strömung im Unterbodenbereich des Fahrzeugs ein. Insbesondere die sogenannte Grenzschicht, also die fahrzeug- bzw. die straßennahe Reibungszone wird realistisch nachgebildet.

Neben der Grenzschichtkonditionierung ist die Radrotation ein weiterer wichtiger Bestandteil der Straßenfahrtsimulation. Im Laufe der Weiterentwicklungen der Windkanaltechnik haben sich zwei Laufbandsysteme etabliert: Das 5-Band-System und das 1-Band-System.

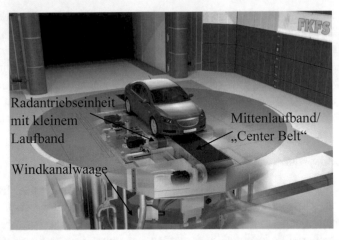

Abbildung 4.2: Das 5-Band-System im 1:1-Windkanal des IVK der
Universität Stuttgart. [41]

Als 5-Band-System wird das Zusammenspiel eines Mittenlaufbands mit vier
kleinen Laufbändern zur Rotation der Räder bezeichnet. Das Mittenlaufband
simuliert die Relativbewegung zwischen Straße und Fahrzeug und ist nicht mit
der Windkanalwaage verbunden. Parasitäre, aerodynamische Kräfte der
Umströmung wirken sich folglich nicht auf die Messwerte aus. Die vier
kleinen Laufbänder hingegen befinden sich auf der Waage. Die zum Antrieb
der Räder nötigen Kräfte stützen sich auf der Waage ab und bilden mit der
über die Räder dem Fahrzeug aufgeprägten Antriebskraft ein Kräftepaar. Aus
diesem Grund wird im 5-Band-System der Radwiderstand nicht von der
Windkanalwaage erfasst (zur Definition des Radwiderstands siehe Kapitel
2.2). Im 1:1-Windkanal des IVK sowie in den Kanälen der Porsche AG und
der BMW Group wurden aus diesem Grund zusätzlich Wägezellen zwischen
den Radantriebseinheiten und der Windkanalwaage installiert. Mit diesen
Wägezellen kann der Radwiderstand jedes einzelnen Rades gemessen werden.

Die Laufbänder bestehen in den meisten modernen Windkanälen aus Stahlbändern, die auf ebenen Luftlagern geführt werden. Ältere Laufbandsysteme
bestehen aus einem Kunststofflaufband mit einer unter dem Laufband
befindlichen Stützrolle, siehe Abbildung 4.3.

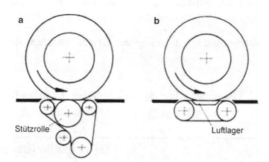

Abbildung 4.3: Laufbandsysteme im 5-Band-System am Beispiel der Entwicklung am FKFS. Links: Kunststofflaufband mit Stützrolle. Rechts: Stahlflachband auf ebenem Luftlager nach Fiedler und Potthoff in [42].

Vorteil der Flachbandtechnik mit Stahlbändern ist die realistischere Latschdarstellung gegenüber den Kunststofflaufbändern mit der gekrümmten Aufstandsfläche auf der Stützrolle.

Im 1-Band-System wird sowohl die Simulation der Relativbewegung zwischen Fahrzeug und Fahrbahn als auch der Antrieb der Räder von einem Band übernommen. Das Laufband ist nicht Teil des gewogenen Systems und somit stellen die zum Antrieb der Räder nötigen Kräfte und die dazugehörige Reaktionskraft am Fahrzeug keine internen Kräfte dar. Der Radwiderstand ist also im gemessenen Luftwiderstand enthalten. Der Luftwiderstand sowie Auftriebe und Seitenkräfte werden mit einer externen Halterung auf die Waage übertragen oder mit einer im Fahrzeug befestigten Waage („interne Waage") aufgenommen. In neueren Windkanälen wird die Auftriebsmessung mit einer Durchband-Messtechnik realisiert, die eine Auftriebsmessung durch das bewegte Laufband hindurch ermöglicht.

4.2 Der Modellwindkanal des IVK der Universität Stuttgart

In folgender Tabelle sind die wichtigsten Leistungsdaten des Kanals aufgelistet:

Tabelle 4.1: Übersicht über die wichtigsten Kenngrößen des Modellwindkanals des IVK der Universität Stuttgart.

Windkanal-Bauart:	Göttinger Bauart mit offener Messstrecke
Bodensimulation:	Grenzschichtabsaugung Tangentiale Ausblasung
Maximale Windkanalgeschwindigkeit:	288 km/h
Antriebsleistung der Turbine:	335 kW
Düsenfläche:	1,65 m²

Der 1:4-Modellwindkanal des IVK der Universität Stuttgart wurde von 1984-1988 im Rahmen der Bauarbeiten des 1:1-Windkanals des IVK errichtet. Der Windkanal dient einerseits zur Fahrzeugentwicklung im Modellmaßstab, andererseits nimmt er eine entscheidende Rolle in der Windkanalforschung ein. Seit der Errichtung wird der Windkanal kontinuierlich verbessert [43]. Im Oktober 2001 wurde der Windkanal durch ein 5-Band-System der Firma MTS Systems Corporation erweitert (Abbildung 4.4) [44]. Vier kleinere Laufbänder treiben die Räder des Fahrzeugs an, während ein großes Mittenlaufband die im realen Fahrbetrieb relativ zum Fahrzeug bewegte Straße simuliert. Die Laufbänder der Radantriebseinheiten bestehen aus Kunststoff, das Mittenlaufband ist ein mit einer rauen Oberfläche beschichtetes Stahllaufband. Die maximale Windgeschwindigkeit beträgt 288 km/h bei einer Antriebsleistung von 335 kW.

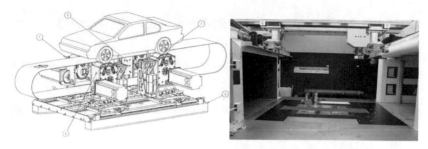

Abbildung 4.4: Die Messstrecke mit 5-Band-System und Grenzschichtab-saugung im Modellwindkanal des IVK der Universität Stuttgart [44].

Der Windkanal ist neben dem 5-Band-System mit einer Grenzschicht-absaugung und tangentialer Ausblasung ausgestattet. Das Fahrzeug kann außerdem durch die drehbar gelagerte Waage auf das aerodynamische Verhalten unter Schräganströmung untersucht werden. Die letzte Neuerung war die Implementierung des FKFS *swing*®-Systems, das instationäre Seitenwindeffekte simuliert und die daraus resultierenden instationären, aerodynamischen Einflüsse auf das Fahrzeug messbar macht, s. Stoll et al. [45]. Um die auf das Fahrzeug wirkenden, instationären Kräfte messen zu können, wurde eine neue, zeitlich hochauflösende Windkanalwaage imple-mentiert. Die Erweiterung durch ein PIV-System (Particle Image Velocimetry) ermöglicht durch die berührungsfreie Geschwindigkeitsmes-sung gesamter Fahrzeug-Nachlaufgebiete neue Forschungsfelder. Beispiele dafür sind in der Grundlagenforschung von Bock et al. [46] und in der Fahrzeugentwicklung von Kuthada et al. [47] gezeigt. Der Modellwindkanal des IVK stellt damit einen Vorreiter in der Windkanalforschung dar und ist als Forschungs- und Entwicklungswerkzeug ein entscheidender Baustein.

4.3   Der 1:1-Windkanal der BMW Group

In folgender Tabelle sind die wichtigsten Leistungsdaten des Kanals aufgelistet:

Tabelle 4.2:   Übersicht über die technischen Daten des 1:1-Windkanals der
BMW Group [48].

Windkanal-Bauart:	Göttinger Bauart mit offener Messstrecke
Bodensimulation:	Grenzschichtabschälung („Scoop") Grenzschichtabsaugung Tangentiale Ausblasung
Maximale Windkanalgeschwindigkeit:	250 km/h (300 km/h mit 18 m²-Düse)
Antriebsleistung der Turbine:	4,4 MW
Düsenfläche:	25 m² (auf 18 m² reduzierbar)
Messstreckenlänge	22 m

Der 1:1-Windkanal der BMW Group wurde 2009 errichtet und ist ebenfalls
ein Windkanal Göttinger Bauart, besitzt also eine geschlossene Luftführung.
Er verfügt über ein 5-Band-System mit unbeschichteten Stahlbändern. Das
5-Band-System kann mit dem Laufbandsystem des IVK-Windkanals vor der
letzten Modernisierung verglichen werden (siehe auch 4.4). Das Fahrzeug
wird wie üblich über Schwellerstützen mit der Windkanalwaage verbunden.
Zudem wird die Grenzschichtbehandlung in Form eines Scoops, einer Grenz-
schichtabsaugung und mit tangentialer Ausblasung realisiert. Die Maximalgeschwindigkeit der Strömung beträgt je nach eingestellter Düsenkontraktion
250-300 km/h [48].

Die Messstrecke ist mit einer Länge von 22 m mehr als doppelt so lang wie
die Messstrecke des IVK-Windkanals. Der Winkel des Diffusors ist verstellbar

und ermöglicht somit eine Beeinflussung des Fahrzeug-Nachlaufgebiets und des Druckgradienten. Ursprünglich für die Bremskraftmessung entwickelte Kraftmesseinheiten ermöglichen eine Radwiderstandsmessung an jedem Rad. Diese Kraftmesseinheiten weisen nicht die gleiche Genauigkeit auf, wie sie hingegen in den Windkanälen des IVK und der Porsche AG zur Verfügung steht.

Abbildung 4.5: Das mit unbeschichteten Laufbändern ausgestattete mit 5-Band-System 1:1-Windkanal der BMW Group.

4.4 Der Aeroakustik-Fahrzeugwindkanal (FWK) des IVK

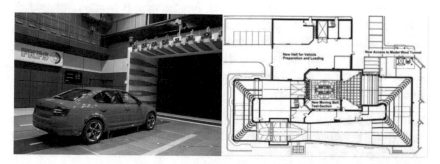

Abbildung 4.6: Der Aeroakustik-Windkanal des IVK der Universität Stuttgart mit wechselbarem 3-Band- / 5-Band-System [44].

In folgender Tabelle sind die wichtigsten Leistungsdaten des Kanals aufgelistet:

Tabelle 4.3:   Übersicht über die wichtigsten Kenngrößen des 1:1 Windkanals des IVK [49].

Windkanal-Bauart:	Göttinger Bauart mit offener Messstrecke
Bodensimulation:	Grenzschichtabsaugung Tangentiale Ausblasung
Maximale Windkanalgeschwindigkeit:	260 km/h
Antriebsleistung der Turbine:	3,3 MW
Düsenfläche:	22,45 m² (5,8 m x 3,87 m)
Messstreckenlänge	9,95 m
Kontraktionsverhältnis	4,41

Der 1:1-Aeroakustik-Windkanal des IVK der Universität Stuttgart wurde in
seiner ersten Form 1988 fertiggestellt und wird seitdem stetig weiterentwickelt. Er entspricht schon immer dem Stand der Technik und geht heute
zum Teil deutlich darüber hinaus. Der Windkanal wurde bisher bereits zum
dritten Mal grundlegend erweitert und verbessert:

In den Jahren 1992 und 1993 wurde der Windkanal mit eigens entwickelter,
schallabsorbierender Verkleidung ausgestattet. Der Windkanal war damit der
leiseste Kanal der Welt und ermöglichte erstmals auch Aeroakustik-
untersuchungen. Außerdem wurde der Windkanal mit einer Traverse ausgestattet und bietet so die Möglichkeit zur automatisierten Druckmessung gesamter Nachlaufgebiete [43].

2001 wurde der unbewegte Boden der Messstrecke durch ein System zur
Straßenfahrtsimulation(SFS) erweitert. Der wichtigste Bestandteil der SFS ist
ein Laufbandsystem zur Simulation der bei der Straßenfahrt bewegten Straße.
Das 5-Band-System, bestehend aus einem großen Mittenlaufband und vier
kleinen Laufbändern zum Antrieb der Räder stellt außerdem die Relativbe-

wegung zwischen Straße und Fahrzeug dar. Die Idee für diese Art der Lauf-
bandanordnung stammt aus Forschungsarbeiten des FKFS [50]. Das Mittenlaufband ist nicht Teil des gewogenen Systems, die vier Radantriebseinheiten
sind auf der Waage montiert. Rollwiderstände und andere, der Radrotation
entgegenwirkende Kräfte, treten als interne Kräfte auf und werden somit von
der Windkanalwaage nicht erfasst. Das FKFS beschaffte Stahllaufbänder mit
speziellen Luftlagern, die im Gegensatz zu den bis dato üblichen Kunststofflaufbändern, mit der vollen Radlast belastet werden können. Somit ist eine
realistische Simulation des Reifenlatsches möglich. Die Straßenfahrtsimulation wurde durch eine Grenzschichtbehandlung in Form einer flächigen Ab-
saugung sowie tangentialen Ausblasung ergänzt. Somit war es möglich, die
Grenzschichtdicke im Bereich des Fahrzeugs deutlich zu reduzieren, wie
Wiedemann und Potthoff zeigen [44].

2014 wurde das Laufbandsystem weiterentwickelt und außerdem ein System
zur Seitenwind-Simulation integriert, Blumrich et al. gehen darauf in [51] im
Detail ein. Die Windkanalmodernisierung wird in bewegten Bildern
anschaulich in [52] präsentiert. Das 5-Band-System ist innerhalb kurzer
Umbauzeit gegen ein 3-Band-System austauschbar (siehe Abbildung 4.7).

Im 5-Band-Messbetrieb wird das Fahrzeug mit Schwellerstützen auf der
Waage fixiert. Mit einer 6-Komponentenwaage werden so alle 3 Kräfte und
Momente des Fahrzeugs (F_X, F_Y, F_Z, M_X, M_Y und M_Z) gemessen. Neben dem
FKFS-patentierten System FKFS *besst®* zur fast vollständigen Reduzierung
von akustischen Resonanzen in der Kanalröhre bei akustischer Neutralität,
verfügt der Windkanal über eine Möglichkeit zur Simulation von Seitenwind
(FKFS *swing®*). Dazu können acht vertikale Flügel mit symmetrischem Profil
direkt hinter der Düse und somit vor dem Fahrzeug im Luftstrom montiert
werden. Diese Flügel können durch periodische oder stochastische Schwenk-
bewegungen Seitenwind simulieren. Voraussetzung für die Erfassung der aus
dieser dynamischen Anregung resultierenden instationären Effekte war der
Einbau einer neuen Waage mit der Möglichkeit zur zeitlich hochauflösenden
Erfassung der dynamischen Messwerte. Von sehr großer Bedeutung für dieses
Forschungsprojekt ist die zusätzliche Installation von Kraftmesseinheiten zur
separaten Messung der Radwiderstände an den vier Radantriebseinheiten. Die

Kraftmesseinheiten befinden sich zwischen Windkanalwaage und den Radantriebseinheiten. Auf den so gemessenen Radwiderstand wird in Kapitel 6.1
näher eingegangen.

Im 3-Band-Betrieb wird die Kraftübertragung zur Waage in x- und y-Richtung
über kleine, seitliche Stützen außerhalb der Laufbänder realisiert. Die
Auftriebe werden mit einer Durchband-Messtechnik erfasst, auch diese stellt
den neuesten Stand der Technik dar. Die Auftriebskräfte werden über
Plattformen erfasst, die sich an jedem Rad unter dem Laufband befinden. Zur
Korrektur des Laufbandeinflusses sind Kalibrierungsmessungen im leeren
Windkanal nötig. Das 3-Band-System ist besonders für Motorsportfahrzeuge
interessant, da hier im Gegensatz zum 5-Band-System auch die bewegte
Straße im Bereich zwischen Vorder- und Hinterrädern simuliert werden kann.
Dieser Bereich ist für die Optimierung von Serienfahrzeugen von
untergeordneter Bedeutung – im Gegensatz dazu stehen jedoch Messungen
mit geringem Bodenabstand und mit dem Fokus auf negativem Auftrieb.

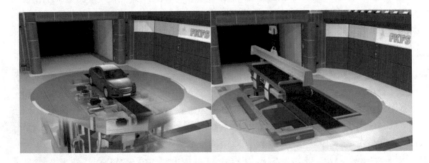

Abbildung 4.7:   Der 1:1-Windkanal des IVK der Universität Stuttgart mit
                     gegen ein 3-Band-System austauschbarem 5-Band-System
                     [41].

In seiner aktuellen Form kann der Windkanal eine Maximalgeschwindigkeit
von 260 km/h bei einer maximalen Leistung von 3,3 MW erreichen. Die Düse
hat eine Querschnittsfläche von 22,45 m² (5,8 m x 3,87 m) und eine Mess-
streckenlänge von 9,95 m.

4.5 Der neue 1:1-Windkanal der Porsche AG

In folgender Tabelle sind wichtige Leistungsdaten des Kanals aufgelistet:

Tabelle 4.4: Übersicht über die wichtigsten Kenngrößen des 1:1-Windkanals der Porsche AG [53].

Windkanal-Bauart:	Göttinger Bauart mit offener Messstrecke
Bodensimulation:	Grenzschichtabsaugung Tangentiale Ausblasung
Maximale Windkanalgeschwindigkeit:	300 km/h
Antriebsleistung der Turbine:	6,9 MW
Düsenfläche:	22,32 m² (6,2 m x 3,6m)
Messstreckenlänge	24 m

Abbildung 4.8: Der neue Porsche-Windkanal mit auswechselbarem 1-Band-/5-Band-System. Im rechten Bild ist eines der verhältnismäßig kleinen Laufbänder zum Antrieb der Räder gezeigt.

Der neue Windkanal der Porsche AG in Weissach wurde 2015 in Betrieb genommen und ist momentan der neueste Windkanal der FAT AK6-Mitglieder.

Der Windkanal ist mit einem 5-Band-System ausgestattet, das ähnlich wie im IVK-Windkanal, gegen ein anderes Laufbandsystem für Motorsportfahrzeuge ausgetauscht werden kann. Dazu können alle fünf Laufbänder als Gesamtsystem gegen ein 1-Band-System gewechselt werden. Im 5-Band-System ist ein Messsystem zur Erfassung der Radwiderstände direkt an den vier Radantriebseinheiten implementiert. Die vier Radantriebseinheiten verfügen ebenso wie das Mittenlaufband über Stahlbänder ohne Beschichtung. Im Vergleich zu den Windkanälen von BMW und dem IVK ist hier die überströmte Laufbandfläche der Radantriebseinheiten deutlich kleiner.

Abbildung 4.9:   Der 1:1-Windkanal der Porsche AG im 1-Band-Betrieb. Kräfte in x- und y-Richtung werden über die seitlichen Halterungen auf die Waage übertragen. [53]

Im 1-Band-Betrieb (s. Abbildung 4.9) werden die Kräfte in Längsrichtung (x-Richtung) sowie die Seitenkräfte (y-Richtung) über Halterungsstangen auf die Waage übertragen. Der Auftrieb wird mit der Durchband-Messmethode bestimmt. Unter jedem Rad befinden sich dazu unter dem Laufband Plattformen zur Messung der Kraft in z-Richtung. Da diese Auftriebsmessung dem Einfluss des mit Luftlagerung geführten Laufbandes unterliegt, sind hier Korrekturmessungen ohne Fahrzeug unerlässlich. Diese Anordnung ist vergleichbar mit dem 3-Band-System des IVK-Windkanals. Das Gebläse kann mit einer Antriebsleistung von 6,9 MW in der Messstrecke eine Windgeschwindigkeit von bis zu 300 km/h erzeugen.

5 Voruntersuchungen im Modellwindkanal

Um ein grundlegendes Verständnis über die Mechanismen zu erlangen, die den Ventilationswiderstand verursachen, wurden zu Grundlagenuntersuchungen zunächst vereinfachte Geometrien herangezogen. Von diesen vereinfachten Geometrien wurde anschließend durch schrittweise Änderung der Formgebung und der Anströmungsbedingungen der Übergang zur Situation am realen Fahrzeug geschaffen.

Abbildung 5.1: Die Entwicklungsschritte von Grundlagenuntersuchungen mit rotierenden Scheiben, bis hin zu Messungen am Gesamtfahrzeug im 1:1-Maßstab.

5.1 Ventilationsmoment rotierender Scheiben

Der Übergang von theoretischen Grundlagen und Veröffentlichungen zum Ventilationsmoment von geschlossenen Scheiben sollte im Modellwindkanal gezeigt werden. Die in Kapitel 3.1 beschriebenen Untersuchungen zum Ventilationsmoment rotierender Scheiben ohne Anströmung wurden als Validierungsziel im Modellwindkanal gesetzt.

Versuchsaufbau

Bei Standardmessungen im Modellwindkanal mit Fahrzeugmodellen verbinden Schwellerstützen (auch als „Struts" bezeichnet) das Fahrzeug über die Karosserie mit der externen Waage. In diesem Fall sind Roll- und Reibwiderstände sowie der Ventilationswiderstand interne Kräfte, die von der Windkanalwaage nicht erfasst werden können. Um diese internen Kräfte messbar

© Springer Fachmedien Wiesbaden GmbH, ein Teil von Springer Nature 2018
A. Link, *Analyse, Messung und Optimierung des aerodynamischen
Ventilationswiderstands von Pkw-Rädern*, Wissenschaftliche Reihe
Fahrzeugtechnik Universität Stuttgart, https://doi.org/10.1007/978-3-658-22296-4_5

zu machen, wurde der Versuchsaufbau mit der Halterungsstange auf dem Windkanalboden abgestützt, siehe Abbildung 5.2. Die Halterungsstange rotiert selbst nicht, sondern ist am Ende mit einem drehbar gelagerten Flansch versehen, an dem unterschiedliche Scheiben montiert werden können.

Abbildung 5.2:   Versuchsaufbau der Voruntersuchungen rotierender Scheiben im Modellwindkanal. Die feststehende Halterungsstange ist am Ende mit einem Flansch versehen, der die Montage unterschiedlicher Scheiben ermöglicht.

Der Windkanalboden ist nicht mit der Waage verbunden und nimmt den Luftwiderstand und Auftrieb der Scheibe und der Halterungsstange auf. Die Radantriebseinheiten hingegen sind auf der Waage montiert. Von der Waage wird so lediglich die Kraft gemessen, die zur Rotation der Scheibe aufgebracht werden muss. Die Summe aus dem Reibungsmoment der Lagerung im Flansch und dem aerodynamischen Widerstandsmoment kann mit dem Scheibenradius als Kraft angegeben werden. Zum besseren Verständnis der späteren Untersuchungen am Fahrzeug wird diese Kraft als Radwiderstand F_{Rad} bezeichnet (siehe auch Kapitel 2.1):

$$\frac{M_{Vent}}{R_{Scheibe}} + \frac{M_{Reib}}{R_{Scheibe}} = F_{Vent} + F_{Reib} = F_{Rad} \qquad \text{Gl. 5.1}$$

Mit

M_{Vent}: Ventilationswiderstandsmoment in Nm
M_{Reib}: Reibungsmoment in Nm
F_{Vent}: Ventilationswiderstand in N
F_{Rad}: Radwiderstand in N
F_{Reib}: Reibungswiderstand in N
$R_{Scheibe}$: Scheibenradius in m

F_{Rad} muss von der Radantriebseinheit über das Laufband als Längskraft $F_{X,WRU}$ eingebracht werden. Dies ist in Abbildung 5.3 skizziert.

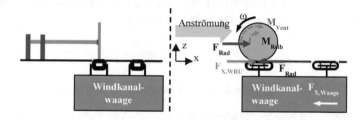

Abbildung 5.3: Skizze des Versuchsaufbaus der Scheibenuntersuchungen. Gezeigt sind Schnitte in der y-z-Ebene (links) und der x-z-Ebene zur Verdeutlichung der relevanten Kräfte und Momente (rechts). $F_{X,WRU}$ ist die zur Rotation der Scheibe nötige Antriebskraft. Die Widerstandsmomente M_{Vent} und M_{Reib} können durch das Kräftepaar F_{Rad} ersetzt werden.

Bei den Messungen wurde lediglich die vordere rechte Radantriebseinheit bewegt. Die anderen Laufbänder wurden nicht angetrieben. Die Scheibe und die Halterung sind nicht Teil des gewogenen Systems, die zum Antrieb der Scheibe nötige Kraft ist somit keine interne Kraft und stützt sich auf der Waage ab. Dieser Kraft sind aerodynamische Kräfte überlagert, die durch die Laufbandumströmung entstehen. Um diesen Einfluss der Umströmung auf die Laufbänder sowie die internen aerodynamischen Effekte der bewegten Laufbandeinheit erfassen zu können, wurden Tara-Messungen ohne Scheibe über den Geschwindigkeitsbereich von 0 km/h – 270 km/h durchgeführt. Diese

Tara-Messung $F_{X,Tara}(v)$ wurde von den Messungen mit Scheibe subtrahiert und somit die zur Rotation der Scheibe nötige Kraft F_{Rad} berechnet:

$$F_{Rad}(v) = F_{X,Waage}(v) - F_{X,Tara}(v) \qquad \text{Gl. 5.2}$$

F_{Rad} stellt die Überlagerung des Reibungswiderstands mit dem Ventilationswiderstand dar. Der Reibungswiderstand der Lagerungen wird bei einer niedrigen Geschwindigkeit als F_{Rad}(30km/h) gemessen und als Konstante von den weiteren Messwerten subtrahiert. Nach Angaben des Lagerreibungsherstellers SKF bleibt der Reibungswiderstand ab einer Grenzdrehzahl nahezu konstant. Dieser Wert wird für die eingesetzten Lager ab einer Geschwindigkeit von ca. 20-30 km/h erreicht [54]. Somit erhalten wir den geschwindigkeitsabhängigen Ventilationswiderstand der Scheibe:

$$F_{Vent}(v) = F_{Rad}(v) - F_{Rad}(30 \frac{km}{h}) \qquad \text{Gl. 5.3}$$

Einfluss der Scheibengröße auf den Ventilationswiderstand

Der Einfluss des Scheibendurchmessers auf den Ventilationswiderstand ohne Anströmung wurde durch Messungen mit Aluminiumscheiben in vier unterschiedlichen Durchmessern bestimmt. In der ersten Messreihe wurden Scheiben mit den Durchmessern von 120 mm, 160 mm, 200 mm und 240 mm untersucht. Die Scheiben sind mit einer Rauigkeit $R_t \approx 0,002$ mm sehr glatt. Spätere Untersuchungen zeigen den Einfluss der Oberflächenrauigkeit auf den Ventilationswiderstand. Dabei ist anzumerken, dass der Raddurchmesser eines typischen 1:4-Windkanalmodells ca. 160 mm beträgt, der eines 1:5-Modells ca. 120 mm. In Abbildung 5.4 ist der Ventilationswiderstand F_{Vent} der vier Scheiben ohne Anströmung in einem Geschwindigkeitsbereich von 30 km/h bis 270 km/h dargestellt.

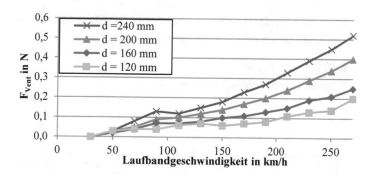

Abbildung 5.4: Der Ventilationswiderstand von rotierenden Scheiben verschiedener Durchmesser ohne Anströmung aus Messungen im Modellwindkanal. F_{Vent} wurde über die Windkanalwaage bestimmt, indem die Halterung der Scheibenlagerung auf dem Windkanalboden abgestützt wurde.

Der „Knick" der Scheibe mit 240 mm Durchmesser liegt bei ca. 90 km/h im Bereich des laminar-turbulenten Übergangs. Dieser Übergangsbereich verschiebt sich bei kleineren Scheiben in einen höheren Geschwindigkeitsbereich.

Abbildung 5.5 zeigt den Ventilationswiderstandsbeiwert c_M der geschlossenen Scheiben mit vier unterschiedlichen Durchmessern. Um einen Vergleich mit Literaturwerten zu ermöglichen, wurde der Ventilationswiderstandsbeiwert der rotierenden Scheibe gebildet (siehe Kapitel 3.1). Dabei beschreibt der Beiwert den Ventilationswiderstand einer einzelnen Scheibe und ist auf das Quadrat des Radius bezogen.

$$c_M = \frac{F_{Vent}}{0.5 \cdot \rho_L \cdot R^2 \cdot v_U{}^2} \qquad \text{Gl. 5.4}$$

Die Ergebnisse decken sich mit den Messungen aus Kapitel 3.1. Die Reynoldszahl für rotierende Scheiben ist definiert als:

$$Re = \frac{R \cdot v_U}{\nu} \qquad \text{Gl. 5.5}$$

R²: Bezugsfläche der Scheibe in m² mit dem Scheibenradius R

v_U: Umfangsgeschwindigkeit der Scheibe in m/s

ρ_L: Luftdichte in kg/m³

v: kinematische Viskosität in m²/s

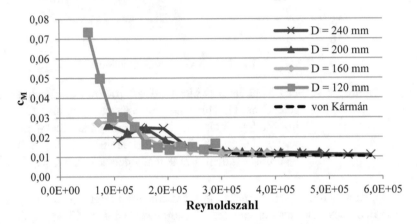

Abbildung 5.5:   Der Ventilationswiderstandsbeiwert rotierender Scheiben
unterschiedlicher Durchmesser ohne Anströmung, aufge-
tragen über die Reynoldszahl gebildet mit dem Quadrat des
Scheibenradius R. Im Vergleich in gestrichelt dargestellt
sind die theoretischen Überlegungen aus Kapitel 3.1.

Gezeigt werden konnten die korrekte Bewertung der Strömungsbedingungen
mit der Reynoldszahl sowie die Skalierung auf den Beiwert der Scheibe über
das Quadrat des Scheibenradius. Der laminar-turbulente Übergang bei einer
Reynoldszahl von ca. $3 \cdot 10^5$ konnte ebenfalls nachgewiesen werden.

Wichtig für weitere Betrachtungen des Ventilationswiderstandsbeiwerts:

Zur Einordnung der in Abbildung 5.5 aufgetragenen Ventilationswiderstandsbeiwerte c_M ist zu beachten, dass diese mit $A_{Scheibe}$, also den seitlichen
Scheibenflächen gebildet wurden. Um den Bezug zur Fahrzeugstirnfläche
herzustellen wird jedoch in allen weiteren Betrachtungen $A_{Scheibe} = R^2$ durch
die entsprechend skalierte Fahrzeug-Stirnfläche, also $A_{Fx} = 2,1/16$ m² ersetzt.

Der auf die Fahrzeugstirnfläche bezogene Ventilationswiderstandsbeiwert c_{Vent} wird dabei wie bisher für den Ventilationswiderstand einer einzelnen Scheibe angegeben. Um diese Beiwerte auf das Gesamtfahrzeug übertragen zu können, müssen sie vervierfacht werden.

Einfluss der Anströmung auf den Ventilationswiderstand

Abbildung 5.6:   Übergang von der Scheibe ohne Anströmung zur scheiben-parallelen Anströmung.

In bisherigen Publikationen sind keine Messungen von rotierenden Scheiben unter scheibenparalleler Anströmung gezeigt. Die im vorigen Abschnitt vorgestellten Messungen (ohne Anströmung) wurden in einer zweiten Mess-reihe mit Anströmung durchgeführt. Die Geschwindigkeit der Strömung entsprach dabei betragsmäßig der Tangentialgeschwindigkeit am Außenradius der Scheibe. Diese tangentiale Geschwindigkeit wird als Umfangsge-schwindigkeit definiert:

$$v_{Umfang} = \omega_{Scheibe} \cdot R_{Scheibe} \qquad\qquad \text{Gl. 5.6}$$

Auch hier wurden Tara-Messungen ohne die am Halterungsflansch montierte Scheibe durchgeführt, um den Einfluss der Laufband-Umströmung zu berück-sichtigen.

Abbildung 5.7 zeigt, dass die Anströmung einen nicht unerheblichen Einfluss auf den gemessenen Ventilationswiderstand hat. Die untersuchten Scheiben befanden sich in ungestörter Anströmung mit einer maximalen Geschwindig-keit von 270 km/h ohne frontale Abschirmung. Die Aluminiumscheibe ist sehr glatt (Rautiefe $R_t \approx 0{,}002$ mm) und liefert einen vergleichsweise geringen Ventilationswiderstandsbeiwert.

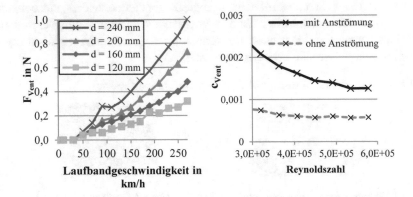

Abbildung 5.7: Im linken Diagramm: Ergebnisse aus Messungen des Ventilationswiderstands rotierender Scheiben mit Anströmung. Im rechten Diagramm: c_{Vent} einer Aluminiumscheibe mit einem Durchmesser von D = 240 mm mit und ohne Anströmung.

Einfluss der Oberflächenrauigkeit

Abbildung 5.8: Untersuchungen der Oberflächenrauigkeit rotierender Scheiben.

Wie Dennington in der in Kapitel 3.1 vorgestellten Publikation zeigte, ist der Ventilationswiderstand sensitiv bezüglich der Oberflächenrauigkeit der rotierenden Scheiben [24]. Um die Rauigkeit zu erhöhen, wurde eine lackierte Holzscheibe schrittweise mit Schleifpapier auf den Seitenflächen versehen. Die lackierte Scheibe hat eine Rautiefe $R_t \approx 0{,}02$ mm, das Schleifpaper von $R_t \approx 0{,}5$ mm.

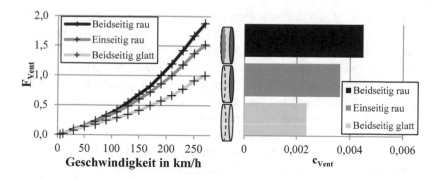

Abbildung 5.9: Zunahme des Ventilationswiderstands durch das Aufbringen rauer Oberflächen auf den Seitenflächen.

Abbildung 5.9 zeigt, dass sich der Ventilationswiderstand durch Aufbringen der rauen Beschichtung nahezu verdoppelt. Die Differenz von der glatten Scheibe zur einseitig rauen Scheibe ist größer als die Differenz von der einseitig rauen zur zweiseitig rauen Scheibe. Diese Abweichung ist auf den Einfluss der Halterungsstange auf die Umströmung sowie die auf dieser Seite reduzierte raue Fläche zurückzuführen.

Geometrievariation

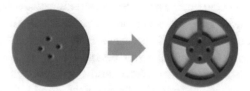

Abbildung 5.10: Übergang von der geschlossenen Scheibe zur radähnlichen Scheibe mit fünf Speichen.

Im nächsten Schritt wurde die geschlossene Scheibe durch ein Speichenrad ersetzt und bildet damit einen ersten Schritt von einer stark vereinfachten Geometrie hin zu Fahrzeugrädern. Mit einem 3D-Drucker wurde ein Rad mit fünf Speichen aus Kunststoff gedruckt, das als Basis für Geometrievariationen dient. Mit Einsätzen kann dieses Speichenrad auf einfache Weise modifiziert

werden, ohne den Versuchsaufbau zu beeinflussen. Das Ziel dieser Untersuchungen lag in der Abschätzung möglicher Optimierungspotentiale. Insbesondere wurden Einflüsse des äußeren Scheibenradius und der Übergänge
zwischen Speiche und Außenrand auf den Ventilationswiderstand untersucht.
Die Ergebnisse wurden mit Messungen an der geschlossenen Scheibe
verglichen. Um die gleiche Oberflächenrauigkeit wie bei der Speichenscheibe
zu erzielen, wurde auch die geschlossene Scheibe mit dem 3D-Drucker
gefertigt. Die Rautiefe beträgt Rt $\approx$ 0,02 mm. Damit ist die geschlossene
Scheibe rauer als die Aluminiumscheiben der ersten Messreihe. Folgende
Modifikationen wurden im Modellwindkanal untersucht:

Abbildung 5.11: Übersicht über die Konfigurationen der Speichenscheibe,
die im Modellwindkanal untersucht wurden.

Abbildung 5.12 zeigt den Ventilationswiderstandsbeiwert c_{Vent} der Speichenscheiben in ungestörter Anströmung. Die Messungen fanden bei einer Geschwindigkeit von 270 km/h statt. Der Ventilationswiderstandsbeiwert der
Scheiben wird auch hier – wie schon oben beschrieben – für den einfacheren
Vergleich mit Ergebnissen aus Messungen mit skalierten Fahrzeugen auf die
Stirnfläche eines 1:4-Modellfahrzeugs bezogen (A_{Fx} = 2,1/16 m²). Die Beiwerte geben dabei jeweils den Widerstand der einzelnen Scheibe an und
würden deshalb in ihrer Auswirkung für das Fahrzeug in etwa den vierfachen
Wert annehmen.

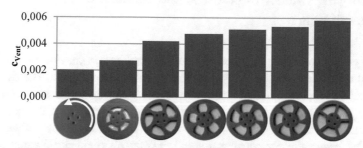

Abbildung 5.12: Ergebnisse der Messungen mit Speichenscheiben unterschiedlicher geometrischer Ausprägungen. Durchmesser der Scheiben: 160 mm, Anströmgeschwindigkeit: 270 km/h.

Der Ventilationswiderstand erfährt in der ungestörten Anströmung durch den Übergang zur einfachen Speichenscheibe einen Anstieg um fast 200 %. Durch die unterschiedlichen Einsätze kann der Widerstand ausgehend von der einfachen Speichenscheibe deutlich reduziert werden. Die größte Reduktion des Ventilationswiderstands konnte durch Schließen der äußeren Speichenhälfte erreicht werden. Abgerundete Speichen führten – bei minimalem Materialeinsatz und hohem Öffnungsgrad der Scheibe – ebenfalls zu einer deutlichen Reduktion des Ventilationswiderstands.

5.2 Übergang von der ungestörten zur realitätsnahen Anströmung

Die bisher gezeigten Untersuchungen fanden – abgesehen von der Halterungs-stange und dem Windkanalboden – in ungestörter Anströmung statt. Bei der Betrachtung von Fahrzeugrädern befinden sich die Versuchskörper in einem komplexen Strömungsfeld. Durch die Verdrängungswirkung des Fahrzeug-körpers und die Fahrzeugunterströmung werden die Räder frontal abge-schirmt. Die gegen die Strömung rotierende Hälfte oberhalb der Radnabe befindet sich dabei im Normalfall im Radhaus, die untere, mit der Strömung rotierende Radhälfte wird wie zuvor beschrieben angeströmt. Außerdem werden Räder typischerweise nicht parallel angeströmt, sondern sind einer Schräganströmung ausgesetzt. Durch den Einsatz von Radspoilern wird die Strömung häufig gezielt umgelenkt. Hier unterscheidet sich die Strömungs-situation an der Vorderachse deutlich von der an der Hinterachse.

Einfluss der Schräganströmung

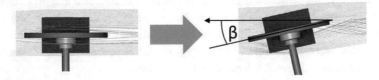

Abbildung 5.13: Übergang von der parallel zur schräg angeströmten Scheibe.

Insbesondere an der Fahrzeugvorderachse werden die Räder nicht parallel angeströmt. An der Vorderachse beträgt der Schräganströmungswinkel nach Wiedemann ca. 4° von der Fahrzeugmitte nach außen gerichtet [55], siehe Abbildung 5.14. Dieser Schräganströmwinkel war nahezu fahrzeugkon-figurations- und bodensimulationsunabhängig.

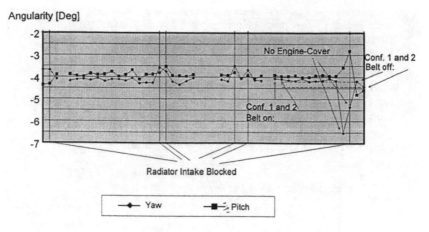

Abbildung 5.14: Von Wiedemann gemessene Anströmwinkel vor dem linken Vorderrad eines Kompaktklasse-Fahrzeugs. Die untere Kurve (Yaw) zeigt den Schräganströmungswinkel, die obere Kurve (Pitch) zeigt den Neigungswinkel. Die Schräganströmung von circa 4° ist nahezu fahrzeugkonfigurations- und bodensimulationsunabhägig [55].

Lediglich das Verschließen der Kühllufteinlässe führte zu einer geringen Reduktion des Schräganströmwinkels. Eine Verstärkung der Schräganströmung um ca. 2,5° konnte beim Entfernen der Unterbodenverkleidung unter dem Motor beobachtet werden. In Abbildung 5.15 ist der Einfluss der Schräganströmung auf verschiedene Scheiben aus Messungen im Modellwindkanal des IVK gezeigt. Dabei ist bei der Speichenscheibe ein starker Anstieg des Ventilationsmoments erst ab einer Schräganströmung von mehr als 5° erkennbar. Der Ventilationsbeiwert der Scheibe mit geschlossenem Außenradius hingegen zeigt keine Anfälligkeit auf den zunehmenden Schräganströmungswinkel.

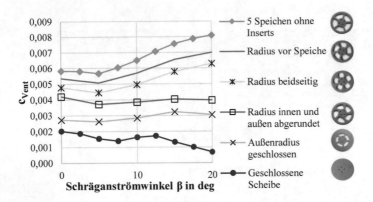

Abbildung 5.15: Einfluss der Schräganströmung bei 250 km/h auf den
Ventilationswiderstandsbeiwert c_{Vent} unterschiedlicher
Speichenscheiben ohne frontale Abschirmung. Link et al.
in [60].

Die natürliche Schräganströmung durch die Verdrängungswirkung des
Fahrzeugbugs ist also von geringerer Bedeutung als die Erhöhung des Ventilationswiderstands unter starkem Seitenwind.

Abdeckung der Scheibe durch ein generisches Radhaus

Der zuvor beschriebene Versuchsaufbau wurde anschließend durch ein vereinfachtes Radhaus erweitert. Diese Abschirmung bildet nicht den Fahrzeugbug nach, der Zweck dieses Aufbaus ist die Abschirmung der oberen
Scheibenhälfte von der Anströmung. Der Abstand der Scheibe (Durchmesser:
160 mm) von der Innenfläche des Radhauses kann durch austauschbare
Einsätze auf Innendurchmesser von 180 mm, 220 mm und 260 mm und damit
auf radiale Abstände von 10 mm, 30 mm und 50 mm zwischen Scheibe und
Radhaus eingestellt werden. Dieser Abstand entspricht ca. 6 %, 19 % und
30 % des Scheibendurchmessers, eine Seitenansicht ist in folgende Abbildung
gezeigt. Die Ergebnisse in Abbildung 5.17 zeigen, dass die frontale Abschirmung der Scheibe einen signifikanten Einfluss auf den Ventilationswiderstand der drei untersuchten Scheiben besitzt.

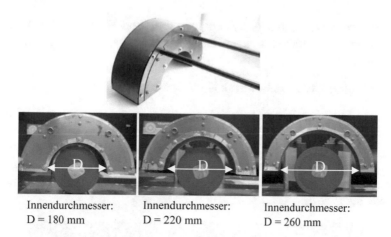

Innendurchmesser:
D = 180 mm

Innendurchmesser:
D = 220 mm

Innendurchmesser:
D = 260 mm

Abbildung 5.16: Versuchsaufbau zur Scheibenabschirmung durch ein generisches Radhaus mit Variation des Innendurchmessers.

Der Widerstand wurde jeweils um ungefähr 50 % reduziert. Außerdem ist den Messungen zu entnehmen, dass der radiale Abstand der Abschirmung von der Scheibe eine untergeordnete Rolle spielt.

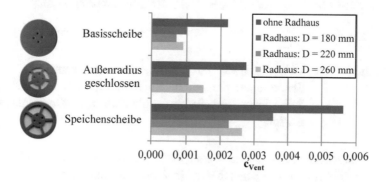

Abbildung 5.17: Einfluss der Abschirmung durch ein generisches Radhaus auf den Ventilationswiderstand drei verschiedener Scheiben.

Ein Minimum des Ventilationswiderstands konnte bei einem radialen Abstand von 30 mm identifiziert werden. Dies entspricht ca. 19 % des Scheibendurchmessers.

Abschirmung der Scheibe durch ein Fahrzeugmodell

In einem letzten Schritt mit vereinfachten Geometrien wurde ein 1:4-Fahrzeugmodell (Mercedes W211) mit einem Elektromotor in der Vorderachse ausgestattet. Dieser Motor ermöglicht die Rotation einer Scheibe im linken Radhaus mit integrierter berührungsfreier Drehmomentmesseinrichtung der Firma Lorenz Messtechnik (DR-2477). Der Versuchsaufbau ist in folgender Abbildung gezeigt:

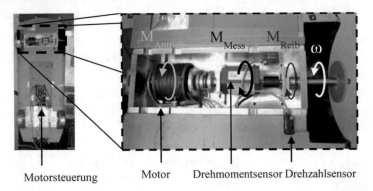

Motorsteuerung   Motor   Drehmomentsensor Drehzahlsensor

Abbildung 5.18: Versuchsaufbau im Inneren eines 1:4-Fahrzeugs. Der Elektromotor ermöglicht die Rotation einer im Radhaus befindlichen Scheibe mit gleichzeitiger Drehmomentmessung.

Eine Einschränkung bei diesem Versuchsaufbau stellt der Spalt zwischen Laufband und rotierender Scheibe dar, da zwischen Scheibe und Laufband kein Kraftschluss bestehen darf. In Abbildung 5.19 ist der Einfluss der Spaltbreite zwischen Laufband und Scheibe gezeigt. Im dargestellten Fall wurde der Spalt von 2.5 mm auf 26 mm – bzw. 1,5 % und 16 % des Scheibendurchmessers – erhöht.

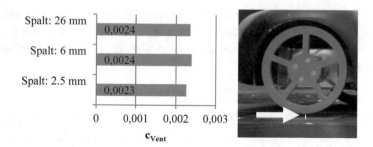

Abbildung 5.19:   Einfluss der Spaltbreite zwischen Laufband und rotierender Scheibe auf den Ventilationswiderstand.

Dabei konnte bei einer Geschwindigkeit von 250 km/h kein Einfluss auf den Ventilationswiderstand gemessen werden. Anschließend wurden Messungen mit drei verschiedenen Scheiben unter Schräganströmungswinkeln von -25° bis +25° durchgeführt. Die Scheibe ist dabei im vorderen linken Radhaus montiert. Der gemessene Ventilationswiderstand der Speichenscheibe ist stark unsymmetrisch und steigt bei der Anströmung von außen (positive Winkel in Abbildung 5.20) um circa 75 % an.

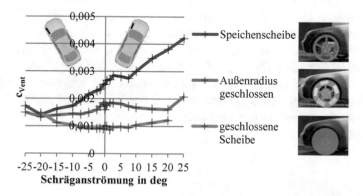

Abbildung 5.20: c_{Vent}-Messung einer einzelnen Speichenscheibe am 1:4-Modell mit interner Ventilationsmomentmessung unter Schräganströmung. Die Speichenscheibe befindet sich vorne links.

Die geschlossene sowie die am Außenradius geschlossene Scheibe reagieren weniger sensitiv auf die Anströmung von außen und zeigen einen nahezu konstanten Ventilationswiderstand über den untersuchten Schräganströmungsbereich

Vergleich mit numerischer Strömungssimulation

Die experimentellen Ergebnisse für die Speichenscheibe unter Schräganströmung und die geschlossene Scheibe mit unterschiedlichen Oberflächenrauigkeiten wurden mit numerischen Strömungssimulationen verglichen. Das verwendete Simulationswerkzeug Exa's PowerFLOW® der Firma Exa Corporation.

Randbedingungen der CFD-Simulationen:

Voxelanzahl:	70 Millionen
Randbedingungen Laufband:	Sliding Wall
Speichenrotation:	MRF
Turbulenzmodell:	$k\text{-}\varepsilon$

In Abbildung 5.21 sind Ergebnisse aus Windkanaluntersuchungen und numerischer Strömungssimulation des Scheibenprüfstands gezeigt. Bei der rotierenden Scheibe handelt es sich um die Speichenscheibe ohne frontale Abschirmung. Die Ergebnisse der Simulation zeigen im Wesentlichen die gleichen Tendenzen auf wie die Messergebnisse. Die Simulationsergebnisse können mit den Messungen verglichen werden, die in Abbildung 5.15 vorgestellt wurden. Die Ergebnisse beziehen sich auf eine Speichenscheibe mit einem Durchmesser von 160 mm in ungestörter Anströmung bei einer Geschwindigkeit von 250 km/h. Nach anfänglich geringfügiger Abnahme nimmt der Ventilationswiderstand mit zunehmender Schräganströmung deutlich zu.

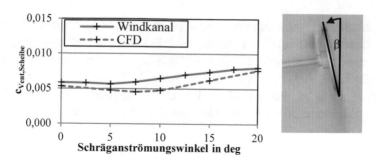

Abbildung 5.21: Vergleich der Windkanalmessungen der Speichenscheibe unter Schräganströmung ohne Abschirmung mit numerischer Strömungssimulation in Exa PowerFLOW. Vergleiche dazu Abbildung 5.15

In Abbildung 5.22 sind Ergebnisse aus CFD-Simulationen für eine scheibenparallel angeströmte, geschlossene Scheibe verschiedener Oberflächenrauigkeiten dargestellt. Der drehenden Scheibe wurde eine „Rotating Wall"-Oberflächenrandbedingung aufgeprägt, die für rotationssymmetrische Körper eine gute Beschreibung darstellt.

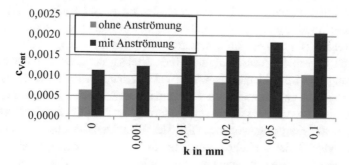

Abbildung 5.22: Ergebnisse aus numerischer Strömungssimulation für geschlossene, rotierende Scheiben mit unterschiedlicher Oberflächenrauigkeit k mit und ohne Anströmung.

Die Messungen im Modellwindkanal ergaben für die durch Rapid-Prototyping gefertigten Scheiben bei einer Rauigkeitstiefe k von $R_t \approx 0,02$ mm einen Ventilationswiderstandsbeiwert c_{Vent} von 0,002 und für die glatte Aluminiumscheibe mit $R_t \approx 0,002$ mm einen c_{Vent} von 0,0013. Änderungen des Rauigkeitswerts k in Exa PowerFLOW zeigen damit die gleiche Tendenz wie Messungen im Modellwindkanal bei Messungen mit unterschiedlicher Rautiefe R_t.

5.3   Messungen eines Gesamtfahrzeugs im 1:4-Maßstab

Im Modellwindkanal des IVK der Universität Stuttgart wurden Untersuchungen mit einem 1:4-Modellfahrzeug durchgeführt. Es handelt sich dabei um ein vereinfachtes Modell eines Mercedes W211 aus Untersuchungen von A. Wäschle [56].

Versuchsaufbau

Die Aluminiumräder des Fahrzeugs sind ungefedert aber drehbar gelagert und haben einen Durchmesser von 160 mm. Im Windkanal mit 5-Band-System stellt der Ventilationswiderstand – wie auch der Roll- und Reibungswiderstand – für die Windkanalwaage eine interne Kraft dar und kann deshalb nicht aufgelöst werden (für weitere Informationen siehe Kapitel 4.1 und 6.1). Der Grund hierfür liegt in der Anordnung des Radantriebssystems auf der Waage. Zur Erfassung des Radwiderstands wurde bei Messungen im Modellwindkanal deshalb die Kopplung zwischen Windkanalmodell und der Waage unterbrochen. Realisiert wurde dies durch eine Fixierung des Modells auf der Drehscheibe, d. h. auf dem ungewogenen Teil des Windkanalbodens. Die zum Antrieb der vier Räder aufzubringende Längskraft muss dann durch die Windkanalwaage abgestützt werden und wird dadurch der Messung zugänglich (siehe Abbildung 5.23).

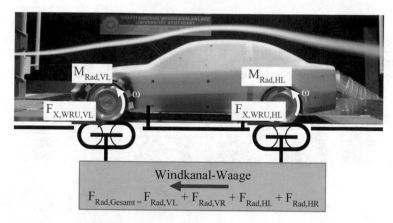

Abbildung 5.23: Skizze der an den Rädern wirkenden Momente im Modell-windkanal und die zum Antrieb nötigen Kräfte zur Überwindung der an den Rädern wirkenden Widerstands-momente $M_{Rad,i}$. Das Modell ist über Schwellerstützen am Windkanalboden fixiert.

Aerodynamische Lasten an der Fahrzeugkarosserie werden in den Windkanalboden abgeleitet und können auf diese Weise nicht mehr erfasst werden. Diese Überlegungen gelten unter der Annahme einer perfekt steifen Fixierung des Fahrzeugs am Windkanalboden.

Untersuchte Felgensetups

Die als Basisfelge bezeichnete Felge mit sieben Speichen wurde mit Bohrungen versehen, die das Einsetzen von Rapid Prototyping-Elementen und ein Aufschrauben von Widerstandselementen ohne Raddemontage ermöglichen. Es kann deshalb davon ausgegangen werden, dass durch eine Modifikation der Felge lediglich das aerodynamische Setup verändert wird. Ungewollte weitere Änderungen in Folge dieser Modifikation sind aber nicht zu erwarten. Die Reifen der untersuchten Räder bestehen, wie auch die Felgen, aus Aluminium.

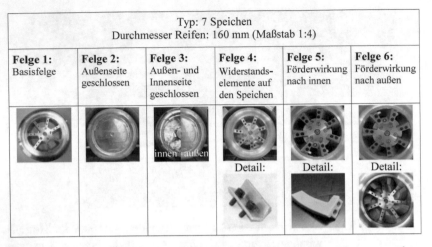

Typ: 7 Speichen Durchmesser Reifen: 160 mm (Maßstab 1:4)					
Felge 1: Basisfelge	**Felge 2:** Außenseite geschlossen	**Felge 3:** Außen- und Innenseite geschlossen	**Felge 4:** Widerstands-elemente auf den Speichen	**Felge 5:** Förderwirkung nach innen	**Felge 6:** Förderwirkung nach außen
		innen–außen	Detail:	Detail:	Detail:

Abbildung 5.24: Übersicht über die im Modellwindkanal untersuchten Räder. Im unteren Teil sind Details der Einsätze gezeigt.

Ergebnisse

Die sechs in Abbildung 5.24 gezeigten Felgenkonfigurationen wurden im Modellwindkanal im Geschwindigkeitsbereich von 0-270 km/h untersucht. Auf die Ergebnisse der Messungen soll im Folgenden eingegangen werden. Abbildung 5.25 zeigt für das Fahrzeug mit Basisfelge die von der Windkanal-waage gemessenen Rohwerte der Längskraft. Dargestellt sind die gemessenen Widerstände aus drei Messreihen. Im Gegensatz zu den Scheibenunter-suchungen wurden keine Tara-Messungen ohne Räder durchgeführt, da die Räder beinahe die gesamte WRU abdecken. Eine Taramessungen wäre folglich wenig sinnvoll. Die gemessenen Widerstände enthalten also unter Umständen noch Störgrößen der Laufbandumströmung. Da mit dem Modell-windkanal alle vier Räder gleichzeitig gemessen werden, handelt es sich bei dem auf der y-Achse aufgetragenen Widerstand um die Summe aller vier Räder. Die gestrichelten Linien zeigen jeweils die Rohwerte. Hierbei fallen zwei Details auf: Alle Messungen zeigen einen sprunghaften Anstieg des Rad-widerstands beim ersten Messpunkt bei 5 km/h. Außerdem unterscheiden sich diese Messungen durch einen Offset voneinander. Der Radwiderstand ist als Summe aus Ventilationswiderstand und Roll- und Reibwiderstand definiert.

Der Lagerreibungsanteil kann nach Herstellerangaben ab der Grenzgeschwindigkeit von 20 km/h als konstant angesehen werden [54].

Wie auch in Kapitel 3.1 in Gleichung Gl. 5.1 vorgestellt, gilt:

$$F_{Rad} = F_{Vent} + F_{Reib/Roll} \qquad\qquad \text{Gl. 5.7}$$

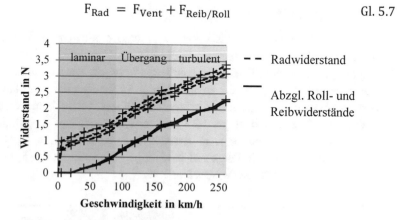

Abbildung 5.25: Gestrichelt dargestellt sind die Radwiderstände des Gesamtfahrzeugs aus drei Wiederholungsmessungen mit der Basisfelge. Diese wurden mit der Windkanalwaage gemessen, indem die Karosserie auf dem Windkanalboden abgestützt wurde. Durchgezogen dargestellt sind die drei Messungen abzüglich der Radwiderstände bei 20 km/h.

Die starren Aluminiumräder sind nicht deformierbar und besitzen somit keinen Walkwiderstand. Der Anteil des Ventilationswiderstands ist bei einer Geschwindigkeit von 20 km/h noch vernachlässigbar gering. Wird also der Radwiderstand F_{Rad}(20 km/h) von den Radwiderständen bei höheren Geschwindigkeiten subtrahiert, erhält man den in durchgezogenen Linien dargestellten Verlauf des aerodynamischen Widerstandsanteils. Wie in den Voruntersuchungen an rotierenden Scheiben gezeigt wurde, befindet sich die Grenzschicht rotierender Scheiben ab einer Reynoldszahl von $3 \cdot 10^5$ im turbulenten Bereich. Für eine rotierende Scheibe mit einem Durchmesser von 160 mm ist dies ab einer Umfangsgeschwindigkeit von ca. 175 km/h der Fall.

Für den Ventilationswiderstand gilt also im turbulenten Bereich in Abhängigkeit von der Geschwindigkeit v unter der Annahme eines konstanten Roll- und Reibwiderstands der Räder:

$$F_{Vent}(v) = F_{Rad}(v) - F_{Rad}(20\ km/h)$$

Gl. 5.8

Um den Ventilationswiderstandsbeiwert c_{Vent} besser mit dem Widerstandsbeiwert c_W vergleichen zu können, wird auch der Ventilationswiderstandsbeiwert c_{Vent} auf die Stirnfläche des Fahrzeugs bezogen. Damit ergeben sich für die vorgestellten Setups die in Abbildung 5.26 gezeigten Ventilationswiderstandsbeiwerte. Der im Modellwindkanal gemessene maximale Ventilationswiderstandsbeiwert liegt bei 10 Punkten. Das Delta des Ventilationswiderstands zwischen bester und schlechtester Konfiguration liegt bei 7 Punkten. Dabei weist die Felge mit beidseitiger Abdeckung der Speichen den geringsten Ventilationswiderstand auf.

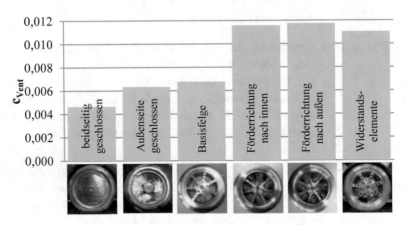

Abbildung 5.26: Ergebnisse der Messungen am Gesamtfahrzeug im Modellwindkanal mit Anströmung.

Abbildung 5.27 zeigt die Differenz des Ventilationswiderstands zweier Felgen, die einen quadratischen Verlauf über die Geschwindigkeit aufweist.

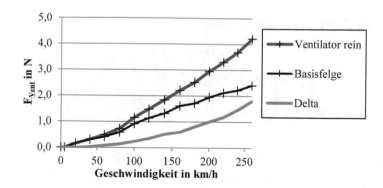

Abbildung 5.27: Die Differenz des Ventilationswiderstands zweier Felgensetups bei Messungen am 1:4-Modell. Die Basisfelge ist
eine Felge mit 7 geraden Speichen. „Ventilator rein" ist eine
Felge mit Förderwirkung nach innen (vergleiche Abbildung
5.24)

Es bietet sich also an, Felgensetups relativ zueinander zu betrachten. Durch
diese relative Bewertung in Bezug auf eine Referenzfelge kann ein even-
tueller, parasitärer Einfluss der WRU-Umströmung minimiert werden.
Außerdem werden nicht-konstante Anteile des Reibungswiderstands des
Aluminiumrads und der Lagerung eliminiert, da diese für die Referenzfelge
und die zu messende Felge identisch sind. Wie zuvor gezeigt, weist die beidseitig geschlossene Felge den geringsten Ventilationswiderstand auf und ist
zusätzlich einfach zu realisieren. Daher ist sie als Referenzfelge gut geeignet.
Die Differenz der Ventilationsbeiwerte liegt bei den untersuchten Setups im
Bereich bis 7 Punkte und damit im Bereich der in Kapitel 3.3 von Wiedemann
und Mayer vorgestellten Ergebnisse, die eine Ventilationswiderstandsdif-
ferenz von ca. 6 Punkten am Gesamtfahrzeug maßen. Die Modellwindkanal-
Untersuchungen lieferten wichtige Erkenntnisse zur Größenordnung und Sensitivität des Ventilationswiderstands. Ein möglicher Einfluss der Laufbander-
wärmung auf den Rollwiderstand wurde nicht untersucht.

Vergleich mit numerischer Strömungssimulation

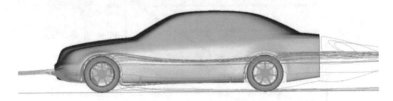

Abbildung 5.28: CFD-Simulation des im Modellwindkanal untersuchten Fahrzeugmodells mit Exa's PowerFLOW.

Die zuvor gezeigten Messungen im Modellwindkanal wurden durch numerische Strömungssimulationen nachgebildet. Die numerische Strömungssimulation bietet den Vorteil, dass sie die Auswertung des Ventilationsmoments direkt an den einzelnen Komponenten ermöglicht und dass Störgrößen, wie Rollwiderstand oder Lagerreibung, keine Rolle spielen.

Randbedingungen der Strömungssimulationen:

Auflösung des Simulationsvolumens:140 Millionen Voxel
Geschwindigkeit der Anströmung: 0 - 270 km/h
Umgebungsdruck: 101325 Pa
Luftdichte: 1,188 kg/m³
Viskosität v: 1, 5·10⁻⁵ m²/s
Simulation der Felgenrotation: Multiple Reference Frame (MRF)
Simulation der Reifenrotation: Rotating Wall-Randbedingung

Die Ergebnisse der numerischen Strömungssimulationen zeigen für den untersuchten Fall einen vernachlässigbaren Anteil des Ventilationsmoments an den Bremsscheiben. Den größten Anteil tragen die Reifen bei. Im rechten Diagramm der Abbildung 5.29 ist der Ventilationswiderstandsbeiwert für zwei Felgenkonfigurationen gezeigt.

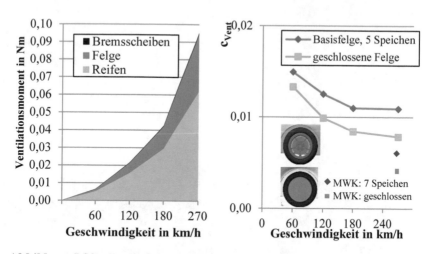

Abbildung 5.29: Ergebnisse aus CFD-Simulationen des 1:4-Windkanal-modells. Der Anteil der Bremsscheiben ist vernachlässigbar gering und im Diagramm nur als dünne Linie erahnbar. Im rechten Diagramm werden die Ergebnisse mit Messungen aus dem Modellwindkanal (MWK) verglichen.

Das Delta zwischen der Basisfelge und der geschlossenen Felge beträgt 4 Punkte bei einer Geschwindigkeit von 250 km/h, der Absolutwert der geschlossenen Felge 8 Punkte bei v = 250 km/h. Damit liegen die Ventilations-widerstandsbeiwerte im erwarteten Bereich und zeigen die gleiche Tendenz wie die Ergebnisse aus dem Modellwindkanal (geschlossene Felge: 4 Punkte; Basisfelge: 7 Punkte; Differenz: 3 Punkte, bei einer Geschwindigkeit von v = 270 km/h. Siehe Abbildung 5.29).

6 Messungen im 1:1-Maßstab

6.1 Darstellung der Kraftanteile in 5-Band-Windkanälen

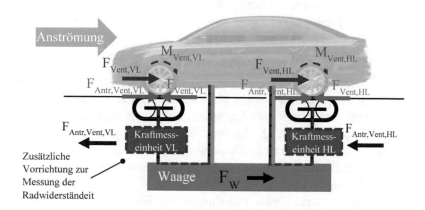

Abbildung 6.1: Skizze eines 5-Band-Systems mit den relevanten aerodynamischen Kräften und Momenten. In Grün sind am Laufband, in Rot am Fahrzeug angreifende Kräfte dargestellt, schwarze an der Messeinrichtung wirkende Kräfte. Die gestrichelt gezeigten Ventilationswiderstandsmomente wurden durch ein Kräftepaar ersetzt [32].

Mit:

$M_{Vent,VL/HL}$: Ventilationswiderstandsmoment des linken Vorderrads/rechten Hinterrads in Nm

$F_{Vent,VL/HL}$: Ventilationswiderstand des gezeigten linken Vorderrads/rechten Hinterrads in N

$F_{Antr,Vent,VL/HL}$: Zur Überwindung des Ventilationswiderstands nötige Antriebskraft am linken Vorderrad/rechten Hinterrad in N

$F_{Rad,VL/HL}$: Der Radwiderstand des linken Vorderrads/rechten Hinterrads in N

F_W: Der mit der Waage gemessene Luftwiderstand der Karosserie in N

© Springer Fachmedien Wiesbaden GmbH, ein Teil von Springer Nature 2018
A. Link, *Analyse, Messung und Optimierung des aerodynamischen*
Ventilationswiderstands von Pkw-Rädern, Wissenschaftliche Reihe
Fahrzeugtechnik Universität Stuttgart, https://doi.org/10.1007/978-3-658-22286-4_6

In Abbildung 6.1 sind die in diesem Forschungsprojekt relevanten, am Fahrzeug im 5-Band-System wirkenden, aerodynamischen Kräfte dargestellt. Es handelt sich um eine seitliche Schnittansicht durch den Windkanalboden auf Höhe der linken Räder. In schematischer Darstellung ist die Windkanalwaage gezeigt. Sie dient zur Bestimmung der aerodynamischen Lasten, in der hier dargestellten Fahrzeuglängsrichtung sowie zur Messung von Auftrieb und Seitenkraft. In Windkanälen mit 5-Band-System sind die vier Laufbänder, die zum Antrieb der Räder eingesetzt werden, Teil des gewogenen Systems.

Die zur Überwindung des aerodynamischen Moments M_{Vent} notwendige Antriebskraft $F_{Antr,Vent}$ wird jeweils über die Laufbänder eingebracht. Das Ventilationswiderstandsmoment M_{Vent} (gestrichelt dargestellt) kann durch das Kräftepaar F_{Vent} ersetzt werden. Die Kraft $F_{Vent,i}$ ist betragsmäßig gleich der Antriebskraft $F_{Antr,Vent,i}$. Die an den Rädern wirkenden Kräfte werden über die Radnabe auf die Fahrzeugkarosserie und damit auf die Waage übertragen. Die Antriebskraft $F_{Antr,Vent}$ stützt sich ebenfalls auf der Waage ab. Somit bilden diese Kräftepaare interne Kräfte und sind mit der Windkanalwaage deshalb nicht messbar. Zur Erfassung dieser internen Kräfte wurden im 1:1-Windkanal des IVK zusätzliche Kraftmesseinheiten zwischen Radantriebseinheiten und Waage installiert. Mit diesen Kraftmesseinheiten kann $F_{Antr,Vent}$ gemessen werden – allerdings nur in Überlagerung mit den zur Überwindung des Roll- und Reibungswiderstands nötigen Antriebskräfte. Diese überlagerten Kräfte werden als Radwiderstand bezeichnet. Der Radwiderstand F_{Rad} setzt sich im Messbetrieb aus Rollwiderstand F_{Roll}, Reibungswiderstand F_{Reib} und Ventilationswiderstand F_{Vent} zusammen:

$$F_{Rad} = F_{Roll/Reib} + F_{Vent} \qquad\qquad \text{Gl. 6.1}$$

Der Ventilationswiderstand beträgt bei einer Geschwindigkeit von 180 km/h circa ein Fünftel des Rollwiderstands. Die Lagerreibung der Radaufhängung wurde von Vdovin et al. in [33] untersucht. Sie beschreiben die Lagerreibung als nahezu konstant und verweisen auf Angaben des Lagerherstellers SKF. In einer detaillierten Berechnungsgrundlage des Lagerreibungsmoments in [54] wird neben einer überschlägigen Annahme einer konstanten Lagerreibung die

Geschwindigkeitsabhängigkeit des Lagerreibungsmoments beschrieben. Die Lagerreibung wird bis zu einer Grenzdrehzahl als geschwindigkeitsabhängig beschrieben. In höheren Drehzahlbereichen nimmt die Lagerreibung nicht weiter zu. Ein typischer Verlauf des Reibungsmoments ist in folgender Abbildung gezeigt. Im Fall eines Fahrzeugs im 1:1-Maßstab finden Messungen ab einer Geschwindigkeit von ca. 20-30 km/h im Bereich eines annähernd konstanten Reibungsmoments statt (Bereich 3 in der Abbildung). Angenommen wurde eine kinematische Viskosität von 110 mm/s², weitere Informationen in [54].

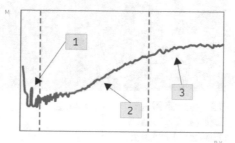

Abbildung 6.2: Schematisch dargestellter, drehzahlabhängiger Reibungsmomentverlauf eines Rillenkugellagers nach [54]. Der Bereich eines konstanten Reibungsmoments (Bereich 3) tritt im untersuchten Fall ab einer Geschwindigkeit von ca. 30 km/h ein.

6.2   Versuchsfahrzeug

Das Versuchsfahrzeug wurde von Škoda Auto a.s. zur Verfügung gestellt. Das Fahrzeug wurde für alle Messungen in den drei Windkanälen der Projektpartner eingesetzt.

Fahrzeug: Škoda Octavia 5E (SK 371 Octavia 1,4/103kW TSI)			
Abmessungen	Länge: 4659 mm Breite: 2017 mm Höhe: 1481 mm Radstand: 2690 mm	**Gewicht**	1380 kg
Spurweite	Vorne: 1545 mm Hinten: 1518 mm	**Standhöhen**	Vorne: 710 mm Hinten: 690 mm
Felgen	18" Alufelge Alaris	18" Alufelge Turini	18" Alufelge Golus
Reifen	Continental 225/40R18 Sports Contact 2		
Federung	Vorderachse: McPherson; Hinterachse: Längslenker		

Abbildung 6.3:   Übersicht über Fahrzeugdaten des Versuchsfahrzeugs.

6.3 Untersuchungen zum Radwiderstand im Standardaufbau

Der Ventilationswiderstand ist eine Messgröße, die dem Rollwiderstand über-lagert ist. Der Ventilationswiderstand kann nach dem aktuellen Stand der Technik nicht separat, sondern nur zusammen mit dem Rollwiderstand als überlagerte Störgröße gemessen werden. Um den Ventilationswiderstand re-produzierbar messen zu können, muss folglich der Rollwiderstand kontrolliert werden. Mit der Fahrzeugfixierung, wie sie im 5-Band-Windkanal Standard ist, wurden Dauerlaufmessungen unter normaler Radlast durchgeführt. Die zum Antrieb der Räder nötige Längskraft ist dem Radwiderstand gegenüber-gestellt, dieser wurde pro Rad direkt an den Radantriebseinheiten gemessen. Die Ergebnisse sind in Abbildung 6.4 gezeigt, dabei ist der Radwiderstand eines Vorderrads abgebildet.

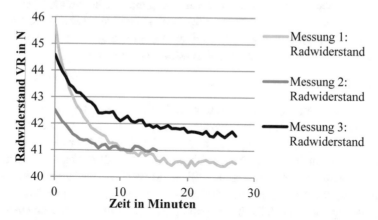

Abbildung 6.4: Ergebnisse von drei aufeinanderfolgenden Dauerlauf-messungen des gleichen Setups. Die drei Messungen führten zu unterschiedlichen Messwerten im Beharrungs-zustand. Dargestellt ist der Verlauf des Radwiderstands des rechten Vorderrads unter normaler Radlast (~3,7 kN) bei einer Geschwindigkeit von 140 km/h.

Unter typischer Radlast beträgt der Rollwiderstand größenordnungsmäßig ca.
1 % der Radlast. Im gezeigten Fall ergibt sich, bei einer Radlast von
$F_Z \approx 3,7$ kN, für das Einzelrad also ein Rollwiderstand von $F_{Roll} \approx 37$ N. Der
Radwiderstand benötigt dabei je nach Messhistorie und Geschwindigkeit bis
zu 20 Minuten, um in einen Beharrungszustand zu gelangen. Die Radwiderstände zeigten dabei im Beharrungszustand unterschiedliche Werte. Nach den
Messungen wurde das Fahrzeug mit den Schwellerstützen angehoben und das
Verhalten der Kraftmessungselemente an den Radantriebseinheiten beobachtet. Beim Anheben der Räder stellte sich der vor der Messung tarierte Null-
Wert ein, Messfehler von Seiten der Windkanalmesstechnik können demnach
ausgeschlossen werden. Die Abweichung der in den Beharrungszuständen gemessenen Radwiderstände kann einerseits durch die Veränderung der Umgebungstemperatur erklärt werden. Andererseits stellt der Messaufbau ein
mechanisch überbestimmtes System dar und bietet keine Möglichkeit zum
Überprüfen der in den Radaufstandsflächen wirkenden Radaufstandskräfte.
Somit kann ein reprozierbares Einstellen der sich gegen die Radantriebseinheiten verspannenden Räder nicht gewährleistet werden.

Reifenaufweitung

Die Fahrzeugfixierung wird in Windkanälen mit 5-Band-System mit vier
Stützen realisiert, die am Fahrzeugschweller befestigt werden. Damit ist die
Karosserie starr mit der Waage verbunden. Werden die Räder des Fahrzeugs
von den Laufbändern angetrieben, erfahren diese eine Zentrifugalkraft, die zu
einer Aufweitung der Reifen führt. Diese Messungen bestätigen die Publikation von Sebben, die eine Reifenaufweitung von ~5,5 mm bei einer
Geschwindigkeit von 200 km/h feststellte [57]. Die Reifenaufweitung eines an
der Karosserie fixierten Fahrzeugs unterscheidet sich von der Fahrt auf der
Straße oder Messungen im Float-Modus, da die Karosserie nicht nach oben
ausweichen kann. Dies führt über eine erhöhte Kompression der Fahrzeugfedern zur Erhöhung der Radlast. In Abbildung 6.5 ist gezeigt, wie die Radnabe ab einer Geschwindigkeit von circa 100 km/h bei weiter steigender
Geschwindigkeit angehoben wird und bei 200 km/h schließlich um mehr als
4 mm in z-Richtung in das Radhaus gewandert ist. Dies führt in der Standard-
fixierung zwangsläufig zu einer Erhöhung der Radlast und damit zu einem
Anstieg des Rollwiderstands. Bei einer Federsteifigkeit von circa 30 N/mm

pro Feder bedeutet dies eine Erhöhung von F_Z um circa 120 N pro Rad und damit eine Zunahme des Rollwiderstands um in etwa 1,2 N.

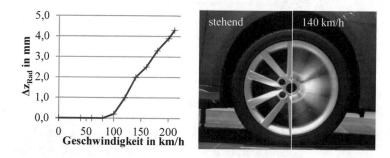

Abbildung 6.5:   Einfederung des Rads durch die Reifenaufweitung als Folge der durch Radrotation erzeugten Zentrifugalkraft.

Reifentemperatur

Die Reifentemperatur hat einen starken Einfluss auf den Rollwiderstand und damit auf den Radwiderstand. In der folgenden Abbildung 6.6 werden der Temperaturverlauf und der Radwiderstand des rechten Vorderrads aus einer Dauerlaufmessung gezeigt. Dabei ist das Fahrzeug mit Standard-Fixierung über Schwellerstützen befestigt und die Karosserie somit nicht beweglich. Die in Rot dargestellte Temperatur des Reifens wurde auf der Innenseite der Lauffläche gemessen. Zum Einsatz kamen hier IRTPMS-Sensoren der Firma bfl systems, die per Funk das Messsignal aus dem Radinneren nach außen senden. Der Radwiderstand nimmt in den ersten 15 Minuten um ca. 20 % bzw. 10 N ab, wobei die Temperatur um ca. 4 K ansteigt.

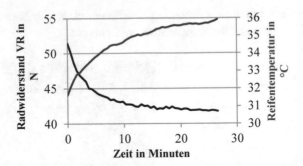

Abbildung 6.6:   Dauerlaufmessung unter normaler Radlast (~4 kN). Dargestellt sind in Rot die Reifentemperatur und schwarz der
Radwiderstand des rechten Vorderrads.

Statische Radlastverteilung

Das Fahrzeug bildet in der Standardfixierung über vier Schwellerstützen ein
mechanisch überbestimmtes System. Dies bedeutet, dass es nur schwer möglich ist, an jedem Rad eine definierte beziehungsweise die gewünschte Radlast
einzustellen. Dies stellt bei Wiederholungsmessungen nach Fahrzeugwechsel
oder bei Messungen an Folgetagen eine große Herausforderung für die
Wiedereinstellung der Versuchsparameter dar. Eine Radlastdifferenz von 100
N bedeutet eine Rollwiderstandsdifferenz von circa 1 N.

6.4   Messungen mit aktivem Federbein

Der Rollwiderstand stellt – wie zuvor schon beschrieben – die bedeutendste
Störgröße bei der messtechnischen Bestimmung des Ventilationswiderstands
dar. Zudem besteht eine mehrdimensionale Abhängigkeit vom Reifentyp, der
Reifentemperatur und der Radlast. Um den Einfluss der Radlast bestimmen zu
können, wurde ein aktives Federbein entwickelt, das eine präzise Höhenverstellung des Rades erlaubt. So kann der Abstand der Radnabe zur Fahr-
bahnebene eingestellt werden. Gleichzeitig bietet es die Möglichkeit zur Messung der Radaufstandskraft. Realisiert wurde dieses Federbein durch einen

elektrischen Spindelantrieb in Kombination mit einem modifizierten Domlager mit integrierten piezoelektrischen Kraftmessdosen der Firma Kistler,
siehe Abbildung 6.7.

Versuchsaufbau

Aufgrund des begrenzten Bauraums an der Hinterachse wurde das aktive
Federbein für das rechte Vorderrad des von Škoda zur Verfügung gestellten
Škoda Octavia 5E konzipiert. Das McPherson-Federbein wurde inklusive
Domlager demontiert, um so Bauraum für die verstellbare Einheit zu schaffen.
Im oberen Befestigungspunkt (an der Fahrzeugkarosserie) werden die drei
rotatorischen Freiheitsgrade durch den Einsatz eines Gelenklagers ermöglicht.
Im unteren Befestigungspunkt (am Radträger) ist die Einheit unbeweglich
gelagert. Da der Linearaktor empfindlich auf Querkräfte reagiert, wird die
Verschiebung in z-Richtung durch zwei Linearschlitten unterstützt. Der untere
Abstützpunkt der Kolbenstange ist lediglich in z-Richtung mit einer Kugel-
gelenklagerung abgestützt und lässt kleine seitliche Bewegungen durch in der
xy-Ebene integrierte Gleitlager zu.

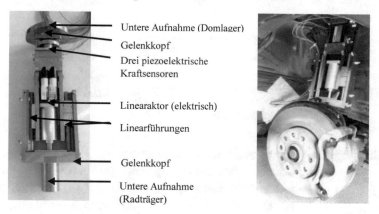

Abbildung 6.7: Aktives Federbein mit Möglichkeit zur Radlastmessung
und Höhenverstellung des Rads, links: Detailansicht,
rechts: Integration in das Versuchsfahrzeug.

Außerdem ermöglicht auch der Gelenkkopf rotatorische Ausgleichsbewegungen. Dies dient ausschließlich dem Schutz des Aktors bei einer möglichen geringen Deformation der Linearführung. Aufgrund der schrägen Einbaulage des Federbeins entspricht die im Domlager gemessene Kraft nicht direkt der vertikalen Aufstandskraft des Reifens, sondern der Kraft, die seitlich in den Radträger eingeleitet wird. Darüber hinaus liefert die Firma Kistler für die verwendeten piezoelektrischen Kraftsensoren zwar einen groben Skalierungsfaktor, diese müssen aber für den jeweiligen Anwendungsfall kalibriert werden. Deshalb wurde zur Kalibrierung des aktiven Federbeins mit einer Radlastwaage die Aufstandskraft gemessen und über der Längskraft des Aktors aufgetragen. In einem Iterationsschritt wurde so die Kraftmessung kalibriert, wie in Abbildung 6.8 gezeigt.

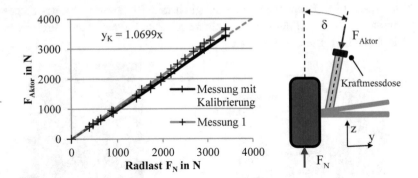

Abbildung 6.8:   Kalibrierung der Radlastmessung mit dem aktiven Federbein. Die graue Kurve zeigt eine Messung der am Aktor (im rechten Bild skizziert) erfassten Kraft F_{Aktor}. Der so erhaltene Kalibrierfaktor y_K ermöglicht eine Umrechnung der Aktorkraft F_{Aktor} auf die Radaufstandskraft F_N.

Ergebnisse aus Messungen mit dem aktiven Federbein und Fazit für das Projekt

Durch eine aufwändige Messprozedur konnte der Einfluss von Radlast, Rotationsgeschwindigkeit und Reifentemperatur auf den Radwiderstand bestimmt werden (Abbildung 6.9). Das Rad wurde hierzu in sechs Schritten von jeweils einem Millimeter zu Beginn jeder Einzelmessung nach unten bewegt und durch die Kompression gezielt die Radaufstandskraft erhöht. Messgrößen waren der Radwiderstand F_{Rad}, die Radlast F_N und die Reifentemperatur T. Bei jeder Radposition wurden Messungen im Geschwindigkeitsbereich von 0 - 240 km/h mit Anströmung durchgeführt.

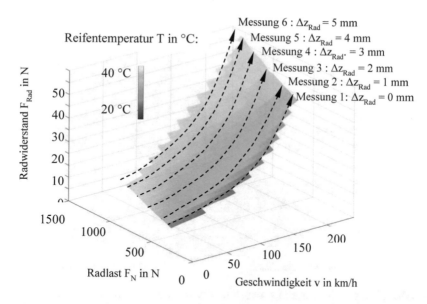

Abbildung 6.9: Ergebnis der Sensitivitätsstudie zum Radwiderstand im 1:1-Windkanal, aus Messungen mit dem aktiven Federbein. Gezeigt ist der Radwiderstand eines Vorderrads, der mit der Kraftmesseinheit an den Radantriebseinheiten gemessen wurde. Δz_{Rad} bezeichnet jeweils die Absenkung des Rades mit dem Aktor zu Beginn der Geschwindigkeitsreihe.

Aus diesen Messungen resultieren die folgenden Beobachtungen:

Der Reifen erwärmte sich im Verlauf der Messkampagne von knapp 20 °C auf 40 °C. Die Radlast F_N nahm bei stehenden Rädern durch Absenken des Rads mithilfe des aktiven Federbeins Werte im Bereich von ca. 250 N bis 850 N an. Damit ergibt sich für den Reifen eine Federsteifigkeit von ca. $\frac{600\,N}{5\,mm} = 120\ \frac{N}{mm}$

Die Reifenaufweitung, durch die aus der Radrotation resultierende Zentrifugalkraft führte bei Messung 6 zu einer Zunahme von ΔF_N um ~600 N im Vergleich zum Stillstand und resultierte damit in einer FN von ~1450 N.

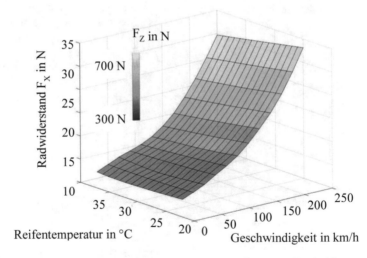

Abbildung 6.10: Ergebnis der Sensitivitätsstudie zum Radwiderstand im 1:1-Windkanal mit einem aktiven Federbein. Gezeigt sind Messungen gleichen Abstands der Radnabe zur Fahrbahn.

Der Radwiderstand F_{Rad} variierte bei der maximalen Geschwindigkeit von 240 km/h zwischen Messung 1 und Messung 6 ($\Delta z = 5$ mm) um ca. 15 N. Die

Sensitivität des Radwiderstands bezüglich der Vertikalposition der Radnabenmitte kann – unter Vernachlässigung des Reifentemperatureinflusses – bei
diesem Versuchsaufbau also grob mit 3 N/mm abgeschätzt werden. Diese
Sensitivität kann nicht linear auf niedrigere Geschwindigkeiten übertragen
werden und zeigt somit eine zusätzliche mehrdimensionale Abhängigkeit der
Walkarbeit bei unterschiedlichen Radlasten. Um den Radwiderstand reproduzierbar einstellen zu können, ist eine definierte Radlast daher von
fundamentaler Bedeutung. Zusätzlich zum Einfluss der Radlast auf den
Radwiderstand wird in Abbildung 6.10 der Reifentemperatureinfluss deutlich.
Die Daten stammen aus Wiederholungsmessungen der Messung 1 (Δz_{Rad} =
0 mm) aus Abbildung 6.9 und fanden somit bei gleicher Vertikalposition der
Radnabenmitte statt. Mit zunehmender Reifentemperatur nimmt auch die Radlast zu, was mit einem weicher werdenden Reifengummi und damit einer
größeren Reifenaufweitung der Reifen erklärt werden kann. Außerdem sinkt
durch die geringere Walkarbeit der Radwiderstand. Dieses Verhalten konnte
für Radlasten >600 N und Reifentemperaturen >30 °C beobachtet werden. Als
weitere essentielle Randbedingung für reproduzierbare Rollwiderstände können also eine möglichst geringe Radlast und niedrige Reifentemperaturen festgehalten werden. Diese beiden gegenläufigen Einflüsse resultieren beim untersuchten Reifen in Summe in einem abnehmenden Radwiderstand. Von besonderer Bedeutung für dieses Projekt ist die Erkenntnis, dass der Reifen ein
komplexes System mit einer Vielzahl nicht voneinander unabhängiger
Parameter darstellt. Wie Vdovin et al. in [29] zeigten, führte sie erste
Ventilationswiderstandsmessungen mit einem fixierten Federbein durch. Die
Reifenaufweitung kompensierten sie durch Anheben des Fahrzeugs mit den
Schwellerstützen. Ob dieses Verfahren insbesondere in Hinblick auf die
Reproduzierbarkeit Anwendung finden kann, ist fraglich, da der Reifen bei
fixiertem Federbein extrem sensibel auf kleinste Änderungen der Vertikal-
position der Radnabenmitte reagiert. Zudem stellt das Fahrzeug auf den
Schwellerstützen ein mechanisch überbestimmtes System dar, das eine präzise
Radlasteinstellung erschwert. Um eine Messmethode für den Alltagsgebrauch
zu entwickeln, sollten die vorgestellten Parameter also entweder gänzlich
verstanden oder das Fahrzeug so präpariert werden, dass eine Unabhängigkeit
von Radlast und Reifentemperatur erreicht werden kann. Auf die aus diesen
Anforderungen abgeleitete Modifikation des Fahrwerks wird im folgenden
Abschnitt näher eingegangen.

6.5   Entwicklung einer Messmethode

Wie zuvor gezeigt wurde, stellt die Messung des Ventilationswiderstands in 1:1-Windkanälen aufgrund der Überlagerung mit dem Rollwiderstand eine große Herausforderung dar. Im Rahmen des Projekts wurde eine Messprozedur entwickelt, die es ermöglicht, Felgen im Hinblick auf ihren Ventilationswiderstand hin zu bewerten. Im Fokus steht hier die Definition einer möglichst einfachen Messprozedur mit geringem Zeit- und Vorbereitungsaufwand. Die Messmethode 1:1-Windkanäle mit 5-Band-System entwickelt und als FAT-Reihe bezeichnet. Die Ergebnisse veröffentlichten Link et al. in [58], [59] und [60]. Voraussetzung zur Anwendung der FAT-Reihe ist eine Möglichkeit, die jeweiligen Radwiderstände der einzelnen Räder an den Radantriebseinheiten zu messen.

Modifikationen des Versuchsfahrzeugs

Um den zuvor beschriebenen Einfluss des Rollwiderstands möglichst gering zu halten, werden Modifikationen am Fahrwerk vorgenommen. Wie in Abbildung 6.11 gezeigt, wurden hierzu die Fahrzeugfedern demontiert und das Öl der Dämpfer abgelassen.

Abbildung 6.11: Links: Modifikation des Fahrwerks an der Vorderachse. Rechts: Ausbau der Fahrzeugfedern an der Hinterachse. Zusätzlich ist eine Stütze für den Fahrzeugtransport zu sehen.

Außerdem wurde der Stabilisator der Vorderachse vom rechten Radträger getrennt. Durch die Demontage der Fahrzeugfedern kann die Radlast auf das verbleibende Eigengewicht der ungefederten Fahrwerksteile abgesenkt werden. Das Aushängen des Stabilisators verhindert darüber hinaus die Interaktion der beiden Vorderräder. Im Normalfall steht das Fahrzeug im 5-Band-Betrieb mit einem Großteil der Fahrzeuglast auf den Laufbändern der Radantriebseinheiten (WRUs). Die Last der Karosserie wird über die Fahrzeugfedern und schließlich die Räder auf die Laufbänder übertragen. Durch die Demontage der Fahrzeugfedern entfällt dieser Kraftfluss, weshalb die Räder und Radträger lediglich mit ihrem jeweiligen Eigengewicht auf den WRUs aufstehen. Das Gewicht der Karosserie wird nun zu 100 % über die Schwellerstützen auf die Waage übertragen und dort als Taralast „genullt". Am Beispiel eines Vorderrads bedeutet dies eine Reduktion der Radlast von circa 4.000 N auf knapp 500 N, also eine Reduktion um circa 90 %. Damit wird auch der Rollwiderstand um 90 % reduziert. Die gesuchte Messgröße, der Ventilationswiderstand, wird so bei hohen Geschwindigkeiten zum dominierenden Widerstandsanteil des Radwiderstands. Neben der Reduktion der Radlast ist der zweite wichtige Vorteil, der sich aus der Demontage der Fahrzeugfedern ergibt, die Konstanz der Radaufstandskraft. Da der Reifen bei Geschwindigkeiten von mehr als 100 km/h durch die Zentrifugalkraft eine Aufweitung erfährt, erhöht sich in der Standardfahrzeugfixierung die Radaufstandskraft mit zunehmender Geschwindigkeit. Durch die beschriebene Modifikation des Fahrwerks kann der Reifen aber nun in z-Richtung ausweichen und erfährt keine Radlasterhöhung infolge einer Reifenaufweitung.

Einfluss der Reifentemperatur auf den Radwiderstand mit modifiziertem Federbein

Mit dem modifizierten Federbein wurden Dauerlaufuntersuchungen bei einer Geschwindigkeit von 140 km/h durchgeführt, um den Einfluss der Reifentemperatur auf den gemessenen Radwiderstand zu bestimmen. Der in Abbildung 6.12 dargestellte Temperatur- und Kraftverlauf des rechten Vorderrads zeigt deutlich, dass lediglich die kurze Warmlaufphase Einfluss auf den Radwiderstand nimmt. Bei einer weiteren Erwärmung erhöht sich der Radwiderstand nicht weiter.

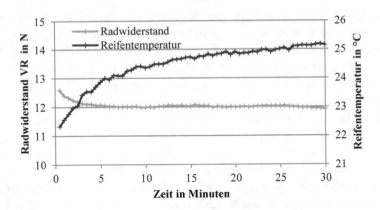

Abbildung 6.12: Radwiderstand und Reifentemperatur des rechten Vorderrads im Dauerlauf bei einer Geschwindigkeit von 140 km/h
mit Anströmung, bei einer Radlast von ca. 500 N.

Es kann also davon ausgegangen werden, dass mit dem beschriebenen
Versuchsaufbau der Rollwiderstand nach einer kurzen Warmlaufphase nicht
mehr temperaturabhängig ist. Außerdem wird ersichtlich, dass der Radwiderstand durch gezielte Entlastung von 3,7 kN auf ca. 500 N stark reduziert werden konnte.

Ablauf der FAT-Reihe

Auf Basis der zuvor beschriebenen Erfahrungen wurde die FAT-Reihe
entwickelt. Sie ermöglicht erstmals eine zuverlässige und reproduzierbare
Bewertung von Fahrzeugfelgen und -reifen hinsichtlich ihres Ventilationswiderstands. Durch die zuvor beschriebene Modifikation des Fahrwerks entfällt der schwer zu kontrollierende Einfluss des Rollwiderstands. Die FAT-
Reihe besteht aus einer kurzen Warmlaufphase ohne Anströmung und einer
Messphase (siehe Abbildung 6.13). Die Warmlaufphase stellt sicher, dass zu
Beginn der Messungen – auch nach längeren Umbaupausen – vergleichbare
Bedingungen herrschen. Anschließend folgen zwei Messpaare mit Anströmung bei hoher und niedriger Geschwindigkeit. Die niedrige Geschwindigkeit dient zur Messung der verbleibenden Roll- und Reibverluste.

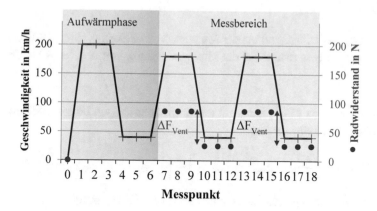

Abbildung 6.13: Ablauf der FAT-Reihe zur Bestimmung des Ventilations-widerstands von Fahrzeugrädern. Die Linie zeigt den Geschwindigkeitsverlauf. Die Punkte die zugehörigen Messungen des Radwiderstands.

Die Geschwindigkeit wurde auf 40 km/h festgelegt, da die Regelung der Windkanalgeschwindigkeit auf noch niedrigere Geschwindigkeiten deutlich mehr Zeit in Anspruch nimmt. Gleichzeitig ist eine möglichst hohe Geschwindigkeit nötig, damit der Reibungswiderstand der Lager einen konstanten Wert annimmt (vergleiche Kapitel 6.1). Für den untersuchten Reifen betrug die optimale hohe Geschwindigkeit 180 km/h, da hier das Temperaturniveau nahe am Temperaturniveau der 40 km/h-Messung liegt und sich somit eine sehr geringe Temperaturdifferenz während der Messreihe einstellt. Aufzunehmende Messgröße während der FAT-Reihe ist jeweils der Radwiderstand als Summe aller vier Räder.

Mit den gemessenen Radwiderständen kann ΔF_{Vent} gebildet werden, die Messungen ab Messpunkt 13 dienen als Wiederholungsmessung.

$$\Delta F_{Vent} = F_{Rad,v1} - F_{Rad,v2}$$
Gl. 6.2

Mit:

$F_{Rad,v1}$: Radwiderstand bei der Messgeschwindigkeit v_1 (hier: 180 km/h)
$F_{Rad,v2}$: Radwiderstand bei der Messgeschwindigkeit v_2 (hier: 40 km/h)

Die Differenz ΔF_{Vent} kann mit der Stirnfläche A_{Fx} und der Luftdichte ρ_L wie folgt dargestellt werden:

$$\Delta F_{Vent} = \left(\frac{1}{2} \cdot \rho_L \cdot A_{Fx} \cdot c_{Vent} \cdot v_1^2 \right) - \left(\frac{1}{2} \cdot \rho_L \cdot A_{Fx} \cdot c_{Vent} \cdot v_2^2 \right) \qquad \text{Gl. 6.3}$$

Für den Ventilationswiderstandsbeiwert c_{Vent} folgt somit:

$$c_{Vent} = \frac{\Delta F_{Vent}}{\frac{1}{2} \cdot \rho_L \cdot A_{Fx} \cdot [v_1^2 - v_2^2]} \qquad \text{Gl. 6.4}$$

Der in den Grundlagen von Unrau beschriebene Einfluss der Reifen- und Umgebungstemperatur auf den Radwiderstand wurde versucht möglichst gering zu halten. Die niedrige und zudem über die Geschwindigkeit konstante Radlast führt nur zu einer sehr geringen Walkarbeit und damit zu einem geringen Wärmeeintrag in den Reifen. In Abbildung 6.14 ist der Radwiderstand eines Vorderrads während der FAT-Reihe gezeigt. Gleichzeitig wurde die Reifentemperatur der Reifenlauffläche auf der Innenseite des Reifens erfasst. In der Aufheizphase (Messpunkte 1-6) wurde der Windkanal mit 200 km/h und 40 km/h ohne Anströmung betrieben. In der anschließenden Messphase wurde zwischen niedriger und hoher Messgeschwindigkeit eine maximale Temperaturdifferenz von weniger als 1 K gemessen.

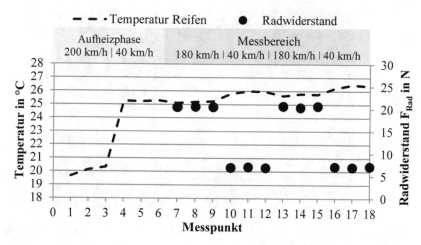

Abbildung 6.14: Temperaturverlauf des Reifens in der FAT-Reihe. In der Aufheizphase wurde der Windkanal ohne Anströmung, anschließend mit 180 km/h und 40 km/h mit Anströmung betrieben. Die Temperatur der Lauffläche wurde von der Innenseite des Reifens gemessen. Die Temperaturdifferenz bei zwei Messgeschwindigkeiten beträgt weniger als 1K.

Wie zuvor in Abbildung 6.12 dargelegt, ist der Einfluss einer solchen Temperaturdifferenz nach der Aufheizphase von vernachlässigbarer Bedeutung für den Radwiderstand. Zudem kann gezeigt werden, dass der Radwiderstand der beiden Messungen mit Anströmung bei 40 km/h (Messpunkte 10-12 und 16-18) eine Differenz von weniger als 0,1 N aufweist.

Um eine Unabhängigkeit von der Umströmung der Laufbänder und eine Vergleichbarkeit von Messungen in verschiedenen Windkanälen zu gewährleisten, wird c_{Vent} auf eine Referenzfelge bezogen.

$$\Delta c_{Vent} = c_{Vent} - c_{Vent,Referenzfelge} \qquad \text{Gl. 6.5}$$

Abbildung 6.15: Die mit Einsätzen zwischen den Speichen geschlossene Referenzfelge.

Als Referenzfelge wurde eine Felge eingesetzt, die durch Einsätze zwischen den Speichen geschlossen wurde und die bündig mit den Speichen auf den Innen- und Außenseiten abschließen. Diese Felge ist in Abbildung 6.15 gezeigt.

6.6   Ventilationswiderstandsbeiwerte verschiedener Felgen

Mit der FAT-Reihe konnten die Ventilationswiderstandsbeiwerte von Fahrzeugrädern reproduzierbar gemessen werden. Im Folgenden werden die Ventilationswiderstandsbeiwerte verschiedener Orginialfelgen und daraus abgeleiteten Felgenkonfigurationen vorgestellt.

Untersuchte Felgen- und Felgenkonfigurationen

Felge 1: Škoda Originalfelge „Alaris" Typ: 10 Speichen Größe: 18'' x 7,5''	Felge 2: Škoda Originalfelge „Turini" Typ: 15 Speichen Größe: 18'' x 7,5''	Felge 3: Škoda Originalfelge „Golus" Typ: 5 Speichen Größe: 18'' x 7.5''	Felge 4: Ronal Zuliefererfelge Ronal „R41" Typ: 5 Speichen Größe: 18'' x 7.5''

Abbildung 6.16: Im 1:1-Windkanal im Rahmen der Entwicklung der Messmethode untersuchte Felgen. Bei den drei linken Felgen handelt es sich um Originalfelgen der Škoda Auto a.s., die rechte Felge ist eine Zuliefererfelgen mit den gleichen Abmessungen.

Die Škodafelgen Typ „Alaris" und „Turini" sowie die Zuliefererfelge der Firma Ronal wurden zudem mit Einsätzen ausgestattet, um die Geometrie der Felgen bei unverändertem Prüfstandsaufbau und demselben Reifen variieren zu können. Die Einsätze der Felge 1 haben die gleiche Tiefe wie die Speichen und schließen somit auf der Innen- und Außenseite der Speichen bündig ab. Außerdem wurden bei zwei Felgen Widerstandselemente im Felgenbett befestigt, die von außen nicht sichtbar sind. Die Zuliefererfelge wurde zusätzlich auf der Innenseite der Speichen geschlossen. Wie schon zuvor im Modellwindkanal am Speichenrad und am 1:4-Fahrzeug, soll mit den Felgenvariationen das mögliche Optimierungspotential abgeschätzt werden. Folgende Felgenkonfigurationen wurden realisiert:

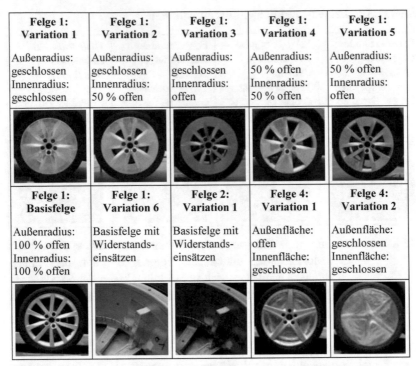

Felge 1: Variation 1	Felge 1: Variation 2	Felge 1: Variation 3	Felge 1: Variation 4	Felge 1: Variation 5
Außenradius: geschlossen Innenradius: geschlossen	Außenradius: geschlossen Innenradius: 50 % offen	Außenradius: geschlossen Innenradius: offen	Außenradius: 50 % offen Innenradius: 50 % offen	Außenradius: 50 % offen Innenradius: offen

Felge 1: Basisfelge	Felge 1: Variation 6	Felge 2: Variation 1	Felge 4: Variation 1	Felge 4: Variation 2
Außenradius: 100 % offen Innenradius: 100 % offen	Basisfelge mit Widerstands- einsätzen	Basisfelge mit Widerstands- einsätzen	Außenfläche: offen Innenfläche: geschlossen	Außenfläche: geschlossen Innenfläche: geschlossen

Abbildung 6.17: Übersicht über die Variation der Škoda-Originalfelgen durch Rapid Prototyping-Einsätze in den Speichenzwischenräumen, sowie eine der Zuliefererfelge

Ergebnisse aus Untersuchungen im 1:1-Windkanal

Mit der in Kapitel 6.5 beschriebenen Messmethode wurde der Ventilationswiderstandsbeiwert der in Abbildung 6.17 gezeigten Räder untersucht. Die Ergebnisse sind in folgender Abbildung dargestellt.

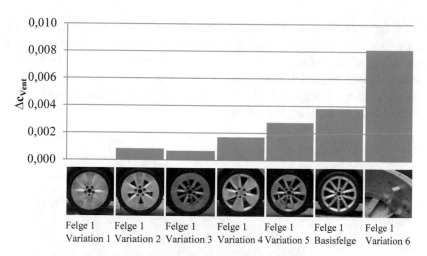

Abbildung 6.18: Mit der FAT-Reihe ermittelte Ventilationswiderstände der in Abbildung 6.17 gezeigten Felgenvariationen in Bezug auf die geschlossene Referenzfelge (Var. 1).

Die Messungen machen deutlich, dass der äußere Felgenbereich für den Ventilationswiderstand von großer Bedeutung ist. Die Abdeckung des äußeren Speichenbereichs reduzierte den Ventilationswiderstand beinahe auf das Niveau der komplett geschlossenen Felge. Das Aufbringen von rechteckigen Schaumstoffeinsätzen im Felgenbett hingegen führte zu einer deutlichen Erhöhung. In der folgenden Abbildung sind die Ergebnisse der übrigen untersuchten Felgen gezeigt. Außerdem ist der Luftwiderstandsbeiwert c_W in Bezug auf die Referenzfelge gezeigt. In Summe mit dem Ventilationswiderstand ergibt dieser den erweiterten Widerstandsbeiwert c_W^*. Besonders auffällig ist die Škoda Originalfelge „Golus", die einen Ventilationswiderstandsbeiwert aufweist, der nur geringfügig höher ist als der c_{Vent} der Referenzfelge. Das Design ähnelt der Felge 1 Variation 4 (s. Abbildung 6.17) und verfügt zudem über leicht angestellte Speichen, was zu einer vorteilhaften Druckverteilung im Übergangsbereich zwischen Speiche und Felgenbett und eventuell zu einer Förderwirkung führen kann. In der Parameterstudie wird auf diese Details näher eingegangen. Der Luftwiderstandsbeiwert dieser Felge liegt jedoch im mittleren Bereich und ist fast identisch mit Felge 1 („Alaris").

Wie auch bei Felge 1 erhöhen die Widerstandseinsätze im Felgenbett von Felge 2 (Variation 1) den Ventilationswiderstand deutlich. Bei beiden Felgen reduzierte diese Maßnahme den Luftwiderstand um drei Punkte auf Kosten eines höheren c_{Vent}. Im Windkanal würden diese Einsätze nach aktuellem Stand in einem niedrigeren Luftwiderstand resultieren und damit im WLTP zu einer fälschlich besseren Einstufung.

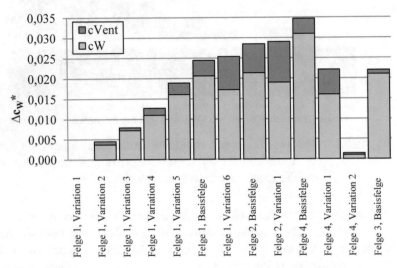

Abbildung 6.19: Der erweiterte Luftwiderstandsbeiwert c_W* als Summe aus Widerstandsbeiwert c_W (hellgrau) und Ventilationswiderstandsbeiwert c_{Vent} (dunkelgrau).

Ein weiteres interessantes Ergebnis ist außerdem im Vergleich der Konfigurationen von Felge 4 zu sehen. Das Schließen der Innenfläche führte zu einer geringen Erhöhung des Ventilationswiderstands, erst das zusätzliche Abdecken der Außenflächen lieferte einen mit der Referenzfelge vergleichbaren c_{Vent}. Dass ein niedriger c_{Vent} nicht unbedingt einen niedrigen Luftwiderstand bedeuten muss, wird ebenfalls ersichtlich.

6.7 Validierung der Messmethode

Die in Kapitel 6.5 vorgestellte FAT-Reihe wurde sowohl im 1:1-Windkanal des IVK als auch in 1:1-Windkanälen der Projektpartner angewandt. Ziel war es, die Messmethode in allen zur Verfügung stehenden Windkanälen auf ihre Tauglichkeit für Ventilationswiderstandsmessungen zu prüfen. Zum Einsatz kamen – zusätzlich zum IVK-Windkanal – der neue Windkanal der Porsche AG in Weissach und der 1:1-Windkanal der BMW Group in München. Das Messfahrzeug wurde in allen drei Kanälen mit den gleichen Modifikationen am Fahrwerk eingesetzt.

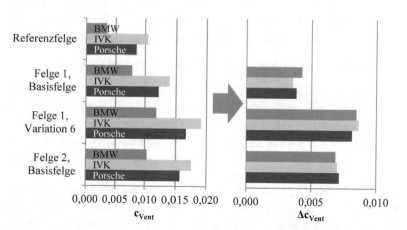

Abbildung 6.20: Im linken Diagramm ist der Ventilationswiderstandsbeiwert für verschiedene Felgen in den Windkanälen der Projektpartner gezeigt. Im rechten Bild sind diese Messungen in Bezug auf die Referenzfelge dargestellt.

Die FAT-Reihe lieferte in allen Kanälen reproduzierbare Kennwerte für den Ventilationswiderstandsbeiwert. Die Messungen wurden an verschiedenen Tagen mit zwischenzeitlichem Ab- und Aufbau des Messfahrzeugs durchgeführt. Die maximale Streubreite der ermittelten Ventilationswiderstandsbeiwerte gleicher Felgen betrug dabei 0,4 Punkte. Alle drei Kanäle sind somit in der Lage, reproduzierbar eine Kenngröße für den Ventilationswiderstand zu ermitteln. Wie in Abbildung 6.20 ersichtlich wird, weichen die Absolutwerte für den Ventilationswiderstand der drei Kanäle etwas voneinander ab. Die Abweichungen sind durch die unterschiedliche Gestaltung der Radantriebseinheiten, die verschieden großen Flächen, die der Umströmung ausgesetzt sind, sowie etwaige Kalibriermessungen der WRUs zu erklären. Aus diesem Grund wurden in Abbildung 6.20 alle Messungen auf eine geschlossene Referenzfelge (siehe Abbildung 6.15) bezogen. Der relative Ventilationswiderstandsbeiwert Δc_{Vent} kann so in allen drei Windkanälen ermittelt werden. Dabei liegt die maximale Streubreite des relativen Ventilationswiderstandsbeiwerts Δc_{Vent} des gleichen Setups in den drei Windkanälen jeweils unter 0,001. In Bezug auf eine Referenzfelge können also in allen drei Windkanälen Ventilationswiderstandsbeiwerte in ausreichender Genauigkeit ermittelt werden und lassen sich damit direkt miteinander vergleichen.

Einfluss der Anströmung auf den Ventilationswiderstand

Insbesondere in Hinblick auf den aktuell in der Entwicklung befindlichen Fahrzyklus zur Verbrauchsbestimmung WLTC ist die Frage von Bedeutung, ob der Ventilationswiderstand mit Anströmung gemessen werden muss. Es sollte also geklärt werden, ob Messungen im Windkanal zwingend erforderlich sind oder ob auch ein Rollenprüfstand eine ausreichend hohe Aussagekraft für die Bewertung von Rädern hinsichtlich ihres Ventilationswiderstands bietet. Die FAT-Reihe wurde mit und ohne Anströmung im Windkanal durchgeführt. In Abbildung 6.21 sind Ergebnisse der zuvor untersuchten Konfigurationen in Bezug auf die Referenzfelge mit und ohne Anströmung gezeigt. Die Škoda-Felgen vom Typ Alaris und Turini zeigen in allen drei Windkanälen jeweils mit und ohne Anströmung vergleichbare, relative Ventilationswiderstandsbeiwerte Δc_{Vent}. Wären nur diese beiden Setups untersucht worden, hätte der falsche Schluss gezogen werden können, die Anströmung habe keinen Einfluss auf den Ventilationswiderstand bzw. wäre für eine Bewertung nicht von Bedeutung.

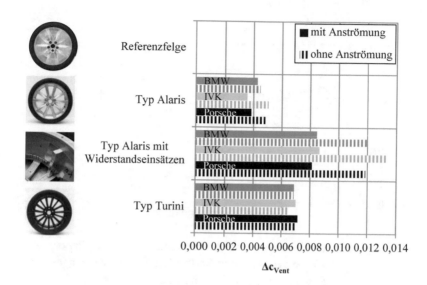

Abbildung 6.21: Vergleich von drei Felgenkonfigurationen mit und ohne Anströmung. Die Beiwerte sind in Bezug auf die Referenzfelge dargestellt.

Interagiert die Felge allerdings stärker mit der in das Radhaus eintretenden Durchströmung – wie dies im Setup mit Widerstandselementen in der Felgenschüssel der Fall ist – dann ergeben sich reproduzierbare Abweichungen von 4 Punkten bezüglich der Messung ohne Anströmung. Dieses Verhalten konnte in allen drei Windkanälen gezeigt werden. Es kann also davon ausgegangen werden, dass die Messung von Δc_{Vent} ohne Anströmung nicht bei allen Felgen zulässig ist. Da bisher keine Erfahrung über dieses Verhalten verfügbar und somit der Einfluss der Anströmung nicht prognostizierbar ist, ist es wichtig, alle Ventilationswiderstandsmessungen unter Anströmung auszuführen. In der folgenden Parameterstudie werden weitere Felgen gezeigt, die ein ähnliches Verhalten aufweisen.

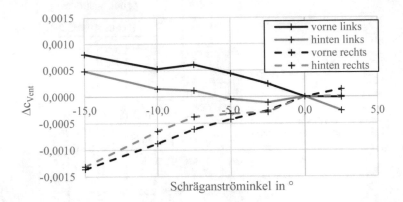

Abbildung 6.22: Einfluss der Schräganströmung auf die Ventilationswiderstände der einzelnen Räder. Die linken, windzugewandten
Räder zeigen eine Erhöhung des Ventilationswiderstands,
die windabgewandten Räder eine Reduktion. Die
Vorderachse reagiert dabei sensitiver als die Hinterachse.

In einer weiteren Messreihe wurde der Einfluss der Schräganströmung auf den
Ventilationswiderstand am 1:1-Fahrzeug untersucht. Abbildung 6.22 zeigt,
dass sich der Ventilationswiderstand des Rades auf der Luv-Seite (wind-
zugewandte Seite, hier linke Fahrzeugseite) deutlich von vom Rad der Lee-
Seite (windabgewandte Seite, hier rechte Fahrzeugseite) unterscheiden kann.
Die durchgezogenen Linien zeigen den Ventilationswiderstand der windzugewandten Räder, das in Vorderrad schwarz und das in Hinterrad grau. Die
linke Fahrzeugseite ist gestrichelt dargestellt. Die Räder der windzugewandten
Seite reagieren mit einer Erhöhung des Ventilationswiderstands, die wind-
abwandte Seite hingegen mit einer Reduktion. Die Summe aller Räder bleibt
nahezu konstant. Die Tatsache, dass die Vorderachse unterschiedlich sensitiv
reagiert als die Hinterachse, lässt vermuten, dass der Ventilationswiderstand
unter Schräganströmung nicht fahrzeug- und felgenunabhängig ist. In diesem
Forschungsfeld liegen bisher allerdings keine weiteren Daten vor. Die
Sensitivität des Ventilationswiderstands auf Seitenanströmung unterstreicht
die Bedeutung aktueller Forschungen im Bereich des instationären Luftwider-

stands. Messungen des Ventilationswiderstands unter instationärer Anströmung, wie dies im 1:1-Windkanal mit dem Seitenwind-Generator
FKFS *swing*® am IVK möglich ist, sind aus diesem Grund von großem
Interesse. Ventilationswiderstanduntersuchungen unter instationärem Seitenwind stellen ein bisher unbekanntes Forschungsfeld dar.

6.8 Parameterstudie im 1:1-Windkanal

Auf Basis der bisherigen Erkenntnisse aus dem Windkanal und aus
Strömungssimulationen wurde eine Parameterstudie in den zur Verfügung
stehenden 1:1-Windkanälen durchgeführt. Diese Sensitivitätsanalyse soll
helfen, Felgendesigns hinsichtlich ihres Ventilationswiderstands bewerten zu
können und Optimierungspotentiale aufzuzeigen. Außerdem wurde eine Felge
mit geringem Ventilationswiderstand entwickelt. Als Optimierungswerkzeug
diente die numerische Strömungssimulation. Das Optimierungsergebnis
wurde ebenfalls mit dem 3D-Drucker angefertigt und im Windkanal untersucht.

Testfelge

Als Grundlage für die Parameter-Untersuchungen diente die zuvor untersuchte
18 Zoll-Felge der Firma Ronal mit der Bezeichnung „R41" (Bezeichnung in
den vorherigen Abschnitten: „Felge 3").

Abbildung 6.23: Aus einer Felge des Felgenherstellers Ronal (Typ R41,
18"x7,5") wurde die Basisfelge hergestellt, die als Grundlage für die Parameterstudie diente.

Die Felge weist eine einfache Geometrie auf und fungierte nach einer Bearbeitung mit der Fräse als Grundgerüst für Rapid Prototyping-Aufsätze. Dazu wurde die Felge zunächst eingescannt, die Flächen zurückgeführt und ein Grundgerüst konstruiert. Anschließend wurde dieses Grundgerüst aus der bestehenden Felge durch spanende Bearbeitung gefertigt. Als Resultat ergibt sich eine Felgenrohform mit fünf Speichen mit einer Tiefe in y-Richtung von 30 mm und einer Breite von 25 mm. Auf den Speichen sind jeweils zwei Bohrungen angebracht, außerdem sind zwischen den Radschrauben Taschen zur Variation der Speichenanzahl vorgesehen. Die Steifigkeit der Felge wurde mit FEM abgesichert. Dabei wurden die Beanspruchung durch die Zentrifugalkraft sowie durch das Eigengewicht des Radträgers überprüft. Die Felge wurde nicht auf den Lastfall mit einer statischen Last durch das Fahrzeuggewicht geprüft und wurde daher erst im Windkanal am Fahrzeug montiert. Mit dem 3D-Drucker des IVK wurden verschiedene Rapid Prototyping-Elemente aus Kunststoff gefertigt, die an der Felge angebracht werden können. Dies bietet den Vorteil, dass das Felgensetup variiert werden kann, ohne Änderungen am Messaufbau vornehmen zu müssen. Dadurch wird die Wiederholgenauigkeit und Vergleichbarkeit bei Verwendung identischer Reifen verbessert.

Abbildung 6.24: Mit dem 3D-Drucker gefertigte Speichenaufsätze zur Geometrievariation der Testfelge. Zur besseren Unterscheidung wurden die Einsätze anschließend eingefärbt.

Untersuchte Parameter

Felgendesigns von Serienfahrzeugen bestehen häufig aus komplexen Geometrien. Die hier untersuchte Parametervariation bezieht sich auf einfache Konturen, die möglichst allgemeingültig auf Felgenentwicklungen übertragen werden können.

Speichenanzahl

Die Speichenanzahl konnte ausgehend von der Basisfelge verdoppelt und verdreifacht werden.

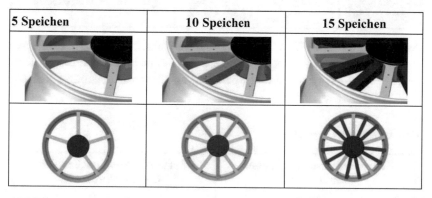

5 Speichen	10 Speichen	15 Speichen

Abbildung 6.25: Im Windkanal mit der Testfelge untersuchter Parameter: Speichenanzahl. Die Speichenanzahl wurde mit Rapid Prototyping-Einsätzen erhöht.

Speichenkontur

Die Form der Speichen wurde durch Aufsätze verändert, die auf den Speichen montiert werden können. Dabei lag der Fokus der in Abbildung 6.26 gezeigten Konfigurationen auf den Kanten der Speichen.

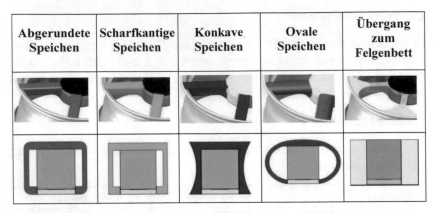

Abgerundete Speichen	Scharfkantige Speichen	Konkave Speichen	Ovale Speichen	Übergang zum Felgenbett

Abbildung 6.26: Im Windkanal mit der Testfelge untersuchter Parameter: Speichenkontur. Die graue Fläche ist der Querschnitt durch eine der fünf Speichen, auf denen die Aufsätze befestigt wurden.

Felgen mit Förderwirkung

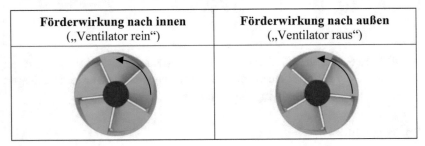

Förderwirkung nach innen ("Ventilator rein")	Förderwirkung nach außen ("Ventilator raus")

Abbildung 6.27: Ventilatorfelgen mit Rotationsrichtung gegen den Uhrzeigersinn. Links: nach innen fördernde Felge, rechts: nach außen fördernde Felge.

Neben der Untersuchung der aerodynamischen Auswirkungen von Speichenform und Speichenanzahl lag ein weiterer Fokus auf der Untersuchung von Felgen, die eine luftfördernde Wirkung haben. Im Gegensatz zu den vorherigen Setups sind die Einsätze für die Testfelge auf der linken und rechten

Fahrzeugseite nicht identisch, sondern spiegelsymmetrisch zur x-z-Ebene des Fahrzeugs. Die Felgen weisen einen sehr geringen Öffnungsgrad auf.

Überblick über die untersuchten Felgenkonfigurationen

Folgende Abbildung gibt zusammenfassend einen Überblick über die unter-suchten Felgenvariationen, basierend auf der Basisfelge. Die Referenzfelge wurde mit einem Deckel auf der Innenseite und auf der Außenseite abgedeckt und unterscheidet sich damit von Setup 2, bei dem nur die Außenseite ge-schlossen ist.

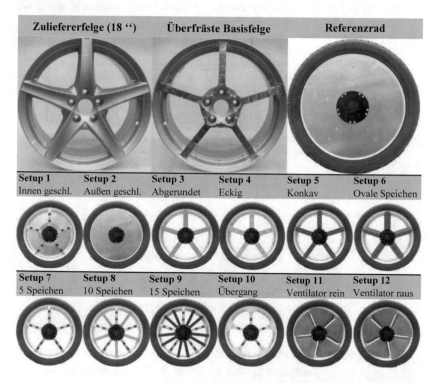

Abbildung 6.28: Übersicht über die Felgenkonfigurationen der Parameter-studie, die aufbauend auf der Basisfelge getestet wurden. Das Referenzrad ist auf der Innen- und Außenseite ge-schlossen.

Ergebnisse aus Windkanalmessungen: Einfluss der Speichenform

Bei der Bewertung von Felgen hinsichtlich ihres aerodynamischen Wider-
stands ist ein gängiges Abschätzungskriterium die Form der Speichenkante.
Zur Untersuchung dieser Eigenschaft wurden Setups mit unterschiedlicher
Speichenkantenform gefertigt. Setup 3 stellt Speichen mit einem Kantenradius
von 5 mm dar, die Aufsätze von Setup 4 weisen scharfe Kanten auf und mit
Setup 5 sind konkave Seitenflächen bei einem Kantenwinkel < 90° darstellbar.
Konkave Speichen sind aktuell häufig bei hochwertigen Leichtbaufelgen zu
finden und zudem ein beliebtes Designelement. Setup 6 besteht aus ovalen
Speichen und einem senkrechten Übergang in das Felgenbett.

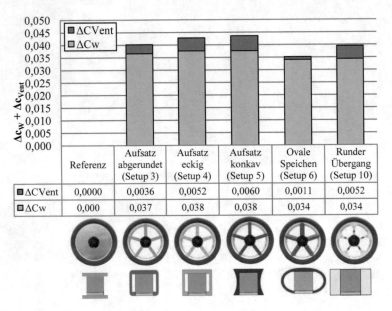

	Referenz	Aufsatz abgerundet (Setup 3)	Aufsatz eckig (Setup 4)	Aufsatz konkav (Setup 5)	Ovale Speichen (Setup 6)	Runder Übergang (Setup 10)
■ ΔCVent	0,0000	0,0036	0,0052	0,0060	0,0011	0,0052
□ ΔCw	0,000	0,037	0,038	0,038	0,034	0,034

Abbildung 6.29: Widerstandsbeiwert c_W und Ventilationswiderstandsbeiwert c_{Vent} verschiedener Speichenformen in Bezug auf
die Referenzfelge.

Setup 10 ist scharfkantig mit einem runden Übergang ins Felgenbett. Die
Speiche ist schmaler als die anderen Speichen dieser Messreihe. Der Einfluss
der Speichenkante auf den Ventilationswiderstandsbeiwert c_{Vent} und den

Widerstandsbeiwert c_W ist in Abbildung 6.29 gezeigt. Beide Beiwerte sind auf die geschlossene Referenzfelge bezogen. Die ovalen Speichen sind sowohl in Bezug auf c_W als auch c_{Vent} den übrigen Speichenformen überlegen. Der Ventilationswiderstand liegt nur minimal über dem der Referenzfelge. Bei der Untersuchung der Speichenkante macht sich die Scharfkantigkeit der Speichen in einer Erhöhung des c_{Vent} bemerkbar sowie einer geringen c_W-Zunahme. Wie schon in den Messungen im Modellwindkanal gezeigt werden konnte (Kapitel 3.1), führt der tangentiale Übergang von der Speiche in das Felgenbett mit scharfkantigen Speichen zu einem sehr hohen Ventilationswiderstand. Der Luftwiderstand hingegen nimmt aufgrund der größeren geschlossenen Fläche am Außenradius ab.

Ergebnisse aus Windkanalmessungen: Einfluss der Speichenzahl

Die Testfelge kann mit Einsätzen ausgestattet werden, um die Speichenzahl der Basisfelge (Setup 7) von fünf auf zehn und fünfzehn Speichen zu erhöhen (Setup 8 und 9). Die äußeren Abmessungen der Einsätze entsprechen den Speichen der Basisfelge.

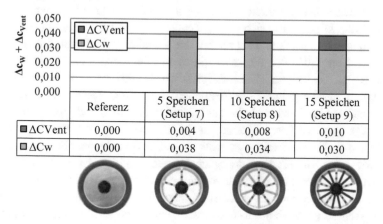

	Referenz	5 Speichen (Setup 7)	10 Speichen (Setup 8)	15 Speichen (Setup 9)
■ ΔC_{Vent}	0,000	0,004	0,008	0,010
■ ΔC_W	0,000	0,038	0,034	0,030

Abbildung 6.30: Widerstandsbeiwert c_W und Ventilationswiderstandsbeiwert c_{Vent} von Felgen mit unterschiedlicher Speichenzahl in Bezug auf die Referenzfelge.

Wie in Abbildung 6.30 zu sehen ist, steigt der Ventilationswiderstand mit zunehmender Speichenzahl, der Luftwiderstand hingegen nimmt ab. In Bezug auf die Referenzfelge zeigt die Felge mit fünfzehn Speichen einen um 10 Punkte höheren c_{Vent} und bewegt sich damit im Bereich schlechter Felgen in Bezug auf den Ventilationswiderstand. Der erweiterte Widerstandsbeiwert c_W^* des Fahrzeugs mit fünfzehn Speichen ist insgesamt niedriger als c_W^* der Setups mit fünf und zehn Speichen. Der niedrige Öffnungsgrad von Setup 9 resultiert in einem geringen c_W und dominiert über die Ventilationsverluste. Bei Windkanalmessungen, wie sie nach aktuellem Stand der Technik und Gesetzgebung durchgeführt werden, wird der Ventilationswiderstand unterschlagen. Daher ist die Bewertung von Felgen mit großer Speichenanzahl als „zu gut" einzustufen. Für Felgen mit einer geringen Speichenanzahl gilt der gegenteilige Fall. Eine weitere Erhöhung der Speichenanzahl mit Hilfe numerischer Strömungssimulation wird in Kapitel 6.9 beschrieben.

Ergebnisse aus Windkanalmessungen: Einfluss der Förderrichtung

Ein besonderes Augenmerk der Windkanalmessungen lag auf Felgen mit nach innen oder außen gerichteter Förderwirkung. Diese Felgen tragen im Weiteren auch die kürzere Bezeichnung „Ventilator rein/raus". Bei diesen Untersuchungen ist ebenfalls nicht alleine der Ventilationswiderstand von Bedeutung, sondern auch die Wechselwirkung mit der Aerodynamik des gesamten Fahrzeugs. Im Rahmen dieses Projekts wurden drei verschiedene Ventilator-Konfigurationen miteinander verglichen. Zum einen Felgen mit Förderwirkung aus der Radhausschale heraus („Ventilator raus") und zum anderen eine entgegengesetzte Förderwirkung in das Radhaus hinein („Ventilator rein"). Die dritte Konfiguration ist eine Kombination beider Felgen: An der Vorderachse mit Förderwirkung nach außen und an der Hinterachse nach innen. Die Ventilatorfelgen haben in seitlicher Betrachtung einen sehr geringen Öffnungsgrad. Zunächst soll nun auf die Verteilung der Ventilationswiderstände auf die Vorder- und Hinterachse eingegangen werden, anschließend auf den erweiterten Luftwiderstand und abschließend die Auftriebsbeiwerte an der Vorder- und Hinterachse betrachtet werden.

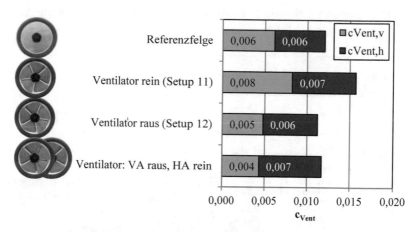

Abbildung 6.31: Messungen mit Felgen mit Förderwirkung im 1:1-Windkanal des IVK der Universität Stuttgart. Aufteilung des Ventilationswiderstands auf die Vorderachse ($c_{Vent,v}$) und Hinterachse ($c_{Vent,h}$).

In Abbildung 6.31 sind die Ventilationswiderstandsbeiwerte als Absolutwerte aus Messungen am IVK gezeigt. Die Ventilationswiderstände des Gesamtfahrzeugs sind dabei in die Anteile an der Vorderachse (hellgrau) und Hinterachse (dunkelgrau) aufgeteilt. Die Felgen mit Förderwirkung nach innen erzeugen den größten Ventilationswiderstand. Die Differenz des Ventilationswiderstands zwischen den herein- und herausfördernden Felgen beträgt für das Gesamtfahrzeug 4 Punkte. Es wird deutlich, dass die Differenz des c_{Vent} hier fast ausschließlich auf die Vorderräder zurückzuführen ist. Während die Hinterachse bei den vier gezeigten Konfigurationen eine maximale Differenz von einem Punkt aufweist, variiert der Ventilationswiderstand an der Vorderachse um 4 Punkte. Die Vorderachse reagiert aufgrund der Schräganströmung der Räder deutlich sensitiver auf geometrische Änderungen der Felgen und erfordert deshalb bei der Optimierung eine besondere Aufmerksamkeit. Auffällig ist, dass der Ventilationswiderstand der herausfördernden Felgen an der Vorderachse sogar geringer ist als der Ventilationswiderstand der Referenzfelge. Erklärt werden kann dies mit den Druckverhältnissen in den Radhausschalen der Vorderräder als Folge der Schräganströmung der Räder von innen. Gleichzeitig ist dies ein Indiz für die Komplexität der Strömungsverhältnisse in den vorderen Radhauschalen.

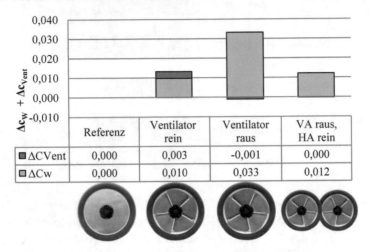

Abbildung 6.32: Widerstandsbeiwert c_W und Ventilationswiderstandsbeiwert c_{Vent} des Gesamtfahrzeugs. Untersucht wurden Felgen mit Förderwirkung in Bezug auf die Referenzfelge.

In Abbildung 6.32 sind der Ventilationswiderstandsbeiwert sowie der Widerstandsbeiwert der Ventilatorfelgen gezeigt, in Summe also der erweiterte Luftwiderstand. Die Differenz des Luftwiderstandsbeiwerts der verschiedenen Kombinationsmöglichkeiten beträgt maximal 23 Punkte. Dieses Maximum wurde mit dem an allen vier Rädern herausfördernden Setup gemessen. Das kombinierte Setup hingegen weist einen Luftwiderstand aus, der knapp über dem Niveau des Setups mit vier nach innen fördernden Felgen liegt. Um ein Verständnis für die Ursache der stark unterschiedlichen Luftwiderstände der gezeigten Felgen zu erlangen, werden die Konfigurationen nun direkt miteinander verglichen: Die an beiden Achsen nach innen fördernde Konfiguration unterscheidet sich vom kombinierten Setup geometrisch nur an der Vorderachse. Folglich ist die Förderrichtung an der Vorderachse nur mit einem c_W-Beitrag von 2 Punkten bei einer Abnahme des c_{Vent} zu bewerten. Der Vergleich der nach außen fördernden Felgen mit dem kombinierten Setup unterscheidet sich nun geometrisch nur an der Hinterachse. Die Förderrichtung nach außen führt hier zu einer c_W-Zunahme von 21 Punkten und verhält sich nahezu c_{Vent}-neutral. Die Hinterachs-Förderrichtung ist beim untersuchten Fahrzeug also sehr c_W-sensibel. In Bezug auf den Luftwiderstand sind die Vorderräder bei den untersuchten Ventilatorfelgen von untergeordneter Bedeutung. Für eine vollständige aerodynamische Bewertung ist der erweiterte Luftwiderstandsbeiwert heranzuziehen.

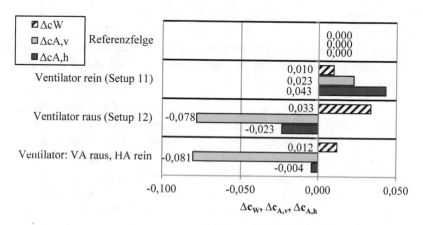

Abbildung 6.33: Der Luftwiderstand (gestrichelt) und die Auftriebe (c_{AV}, hellgrau; c_{AH}, dunkelgrau) eines Fahrzeugs mit Ventilatorfelgen mit unterschiedlicher Förderrichtung in Bezug auf die Referenzfelge. Diese Beiwerte sind neben dem zuvor gezeigten c_{Vent} stark von der Förderrichtung abhängig.

Neben dem Ventilationswiderstand und Luftwiderstand sind die Vorder- und Hinterachsauftriebe stark von der Förderrichtung der Felgen abhängig. Am auffälligsten in Abbildung 6.33 ist der massive Einfluss der Förderrichtung auf den Auftrieb der Vorderachse. Der Luftwiderstand ist gestrichelt dargestellt, der Auftrieb der Vorderachse ($c_{A,v}$) hellgrau und der Auftrieb der Hinterachse ($c_{A,h}$) dunkelgrau. Durch die Entlüftung an der Vorderachse nach außen kann der Auftrieb im Vergleich zur geschlossenen Felge um circa 80 Punkte reduziert werden. Im Vergleich zur nach innen fördernden Felge sogar um circa 100 Punkte. Diese Differenz stellt in der Entwicklung von Serienfahrzeugen eine Größenordnung dar, die im hohen Geschwindigkeitsbereich über ein unfahrbares, unter- oder übersteuerndes Fahrzeug entscheiden kann. Die Hinterachse reagiert deutlich sensitiver als die Vorderachse auf Felgen mit einer Förderwirkung nach innen. Der Auftriebsbeiwert der Hinterachse $c_{A,h}$ wird um ungefähr 40 beziehungsweise 65 Punkte erhöht. Im Fall des untersuchten Škoda Octavia traf die aus den Radhausschalen der Vorderachse strömende Luft von außen auf die Hinterräder. Dieses Verhalten konnte mit Rauchfadenuntersuchungen und Strömungssimulationen beobachtet werden. Dieses Verhalten kann eine Erklärung sein für die starke Abnahme des Luftwiderstands bei einer Änderung der Förderrichtung an der Hinterachse nach innen und ein Beibehalten der herausfördernden Wirkung an der Vorderachse (Setup 13).

Als Fazit der Untersuchung von Felgen mit unterschiedlicher Förderrichtung sind einige Punkte festzuhalten: Der Ventilationswiderstand der Vorderachse kann durch die Förderrichtung beeinflusst werden. Die Hinterachse zeigt hingegen ein nahezu neutrales Verhalten. Der Ventilationswiderstand der Ventilatorfelgen ist insgesamt relativ niedrig. Neben dem Einfluss auf den Ventilationswiderstand konnten teilweise extreme Auswirkungen auf den Luftwiderstand sowie die Auftriebe an Vorder- und Hinterachse identifiziert werden. Ob die gezeigten Ergebnisse fahrzeugunabhängig auf andere Fahrzeugtypen übertragen werden können, bleibt zu untersuchen. Der Einsatz von Felgen mit Förderrichtung stellt ein interessantes Werkzeug zur Beeinflussung der gesamten Aerodynamik des Fahrzeugs dar.

Optimierung der Speichenform

Die vorgestellte Parameterstudie zeigte eine klare Überlegenheit der in der Seitenansicht beinahe zu 100 % geschlossenen Ventilatorfelgen gegenüber Felgen mit großem Öffnungsgrad. Ziel einer Optimierung war es nun mit Hilfe der numerischen Strömungssimulation eine fünfspeichige Felge mit möglichst geringem Ventilationswiderstandsbeiwert zu entwickeln und diese anschließend im Windkanal zu untersuchen. Gleichzeitig sollte der Luftwiderstand gleich groß oder geringer als der Luftwiderstand üblicher Felgen sein. Die Felge mit ovalen Speichen führte in den Messungen der Parameterstudie zu einem sehr niedrigen c_{Vent} sowie c_W und wurde daher als Ausgangsfelge verwendet. Dabei wurde versucht, einen großen Öffnungsgrad der Felgen beizubehalten um eine Vergleichbarkeit mit handelsüblichen Felgen herstellen zu können. In Abbildung 6.35 sind die zwei Iterationsschritte gezeigt, die zur optimierten Felge führten. Folgende Erkenntnisse aus der Parameterstudie wurden dabei umgesetzt und mit den Ergebnissen der Strömungssimulation iterativ kombiniert:

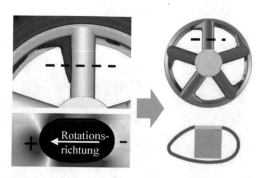

Abbildung 6.34: Maßnahmen zur Optimierung einer 5-Speichen-Felge. Links: Die Ausgangsfelge mit ovalen Speichen. Links oben mit einer Iso-Fläche eines erhöhten statischen Drucks. Links unten ein Schnitt durch die Speiche mit einer Druckverteilung. Rechts: Der Übergang von der Speiche in das Felgenbett wurde aufgefüllt und nach innen geneigt.

Folgende Punkte fanden in der ersten Iterationsschleife Beachtung:

- Abnehmende Speichenzahlen führten bei vorangegangenen Untersuchungen zu einem geringen c_{Vent}

- Vermeidung von scharfkantigen und konkaven Speichen.

- Bereiche hohen Staudrucks wurden mit Iso-Flächen identifiziert und diese Bereiche „entschärft". Die Speichenvorderkante wurde in den Bereich des Druckmaximums gelegt.

- Der Übergang in das Felgenbett wurde nach innen geneigt um eine nach außen fördernde Wirkung zu generieren.

Mit dem ersten Iterationsschritt konnte der niedrige Ventilationswiderstandsbeiwert der ovalen Speichen von 0,0104 auf 0,0090 reduziert werden.
Der Luftwiderstandsbeiwert der ersten Iteration ist gegenüber der Felge mit
ovalen Speichen jedoch um 0,004 gestiegen. Der erweiterte Widerstandsbeiwert der Felge ist also um 0,002 schlechter.

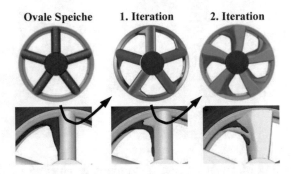

Abbildung 6.35: Entwicklungsschritte bei der Optimierung der Speichenform hinsichtlich c_{Vent} und c_W. Die rot eingefärbte Fläche
zeigt eine Iso-Fläche für einen erhöhten statischen Druck.
Rotationsrichtung gegen den Uhrzeigersinn.

Im zweiten Iterationsschritt wurden daher Maßnahmen zur c_W-Reduktion
ergriffen:

- Ein größerer Bereich des Außenradius wurde geschlossen.

- Die Seitenflächen schließen bündig mit der Speichenaußenkante ab und
  der Öffnungsgrad wurde reduziert.

Die Ergebnisse der Optimierungsschritte mit numerischer Strömungssimulation sind in Abbildung 6.36 gezeigt. Dabei konnte der Ventilationswiderstand der Felge mit ovalen Speichen mit einem c_{Vent} von 10,4 Punkten auf
8,2 Punkte reduziert werden. Der Absolutwert der geschlossenen Referenzfelge liegt bei 7,5 Punkten.

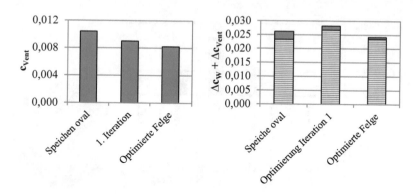

Abbildung 6.36: Ergebnisse aus der numerischen Strömungssimulation für die Iterationsschritte der optimierten Felge, ausgehend von der Felge mit ovalen Speichen. Links sind die Absolutwerte des Ventilationswiderstandsbeiwerts c_{Vent} gezeigt, rechts die Summe aus c_{Vent} (grau) und Widerstandsbeiwert (schraffiert) in Relation zur geschlossenen Referenzfelge.

Die Speichen der zweiten Iteration wurden mit dem 3D-Drucker gefertigt und im Windkanal untersucht. Hierzu sei angemerkt, dass die Felgen in der xz-Ebene des Fahrzeugs spiegelsymmetrisch zueinander sind. Die linken und rechten Felgen sind folglich nicht identisch. In der folgenden Abbildung 6.37 ist ein linkes Fahrzeugrad gezeigt (Rotationsrichtung gegen den Uhrzeigersinn). Im Diagramm ist Δc_{Vent} aus Messungen im 1:1-Windkanal im Vergleich mit Ergebnissen aus CFD-Simuationen gezeigt. Die Windkanalergebnisse zeigen die Tendenz für Δc_{Vent}, die aus Ergebnissen der numerischen Strömungssimulation zu erwarten war.

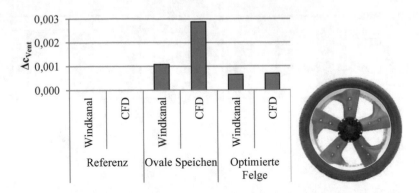

Abbildung 6.37: Links: Windkanalabgleich der mit CFD hinsichtlich c_{Vent}
optimierten Felge. Die Windkanalergebnisse bestätigen die
CFD-Simulationen in gleicher Tendenz, allerdings zeigte
die ovale Speiche im Windkanal einen geringeren c_{Vent}.
Rechts: Die optimierte Felge. Die grünen Aufsätze wurden
mit dem 3D-Drucker gefertigt.

Die Windkanalmessungen konnten den sehr geringen Ventilationswiderstand
der mit numerischer Strömungssimulation optimierten Felge bestätigen. Der
Ventilationswiderstandsbeiwert liegt nur geringfügig über dem Beiwert der
geschlossenen Referenzfelge und ist der niedrigste Ventilationswiderstand,
der für 5-Speichen-Felgen in diesem Projekt gemessen wurde – mit Ausnahme
der Ventilatorfelgen. Der Widerstandsbeiwert der optimierten Felge ergibt in
Summe mit dem Ventilationswiderstand einen ebenfalls sehr geringen erweiterten Widerstandsbeiwert. Weitere c_W-Optimierung könnte durch eine
Änderung der Förderrichtung an der Hinterachse nach innen erreicht werden.
Die Ergebnisse der Windkanalmessungen werden später in Abbildung 6.38
gezeigt. Auf den Vergleich der CFD-Simulationen mit Windkanalergebnissen
wird in Kapitel 6.9 noch genauer eingegangen.

Zusammenfassung der Windkanalmessungen

Abbildung 6.38 zeigt den Ventilationswiderstandsbeiwert c_{Vent} und Widerstandsbeiwert c_W verschiedener Felgensetups der Testfelge. Die Beiwerte sind als Differenz zur Referenzfelge dargestellt.

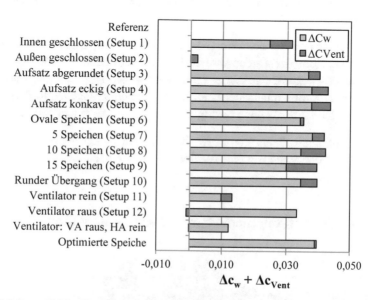

Abbildung 6.38: Ergebnisse der Parameterstudie im 1:1-Windkanal mit der Testfelge mit unterschiedlichen Rapid Prototyping-Aufsätzen.

Die Ergebnisse lassen sich folgendermaßen zusammenfassen:

- Die Abdeckung der Felgenaußenseite hat einen deutlich größeren Einfluss als die Abdeckung der Felge innerhalb der Speichen, sowohl auf c_W als auch c_{Vent}.

- Scharfkantige Speichen besitzen im Vergleich zu abgerundeten Speichen sowohl einen höheren c_{Vent} als auch einen höheren c_W.

- Die Erhöhung der Speichenzahl von fünf auf fünfzehn führte zu einem gegenläufigen Verhalten mit einer Zunahme von c_{Vent} und einer Reduktion von c_W.

- Die Ventilationsrichtung von Ventilatorfelgen hat einen deutlichen Einfluss auf den Ventilationswiderstand, den Luftwiderstand und den Auftrieb.

- Als optimales Ventilatorsetup konnte eine Konfiguration identifiziert werden, die an der Vorderachse die Vorteile der Radhausentlüftung durch nach außen gerichtete Ventilation nutzt – geringer Auftrieb und ein niedriger Ventilationswiderstand. Die Hinterachse hingegen fördert nach innen und führt zu einem niedrigen c_W und damit zu einem geringen c_W^*.

- Die optimierte Felge verursacht beinahe den gleichen niedrigen Ventilationswiderstand wie die geschlossene Referenzfelge.

6.9   Abgleich mit numerischer Strömungssimulation

Abbildung 6.39: Screenshot des Versuchsfahrzeugs aus der Visualisierungssoftware PowerVIZ.

Die zuvor gezeigten Messungen im 1:1-Fahrzeugwindkanal wurden mit numerischen Strömungssimulationen mit der CFD-Software Exa PowerFLOW nachgebildet. Dabei wurde im Simulationsmodell ein Simulationsvolumen mit fünf Laufbändern umgesetzt, jedoch ohne Nachbildung der Messstrecken-umgebung durch Düse, Kollektor oder Plenum.

Randbedingungen der Strömungssimulationen:

Fahrzeug:	Versuchsfahrzeug (Škoda Octavia)
Auflösung des Simulationsvolumens:	150 Millionen Voxel
Geschwindigkeit der Anströmung:	180 km/h
Umgebungsdruck:	101.325 Pa
Luftdichte:	1,188 kg/m3
Temperatur der Umgebung:	24 °C
Viskosität v:	$1,5 \cdot 10^{-5}$ m²/s
Reynoldszahl Re:	4.338.400
Zeit pro Timestep:	$3,5642 \cdot 10^{-6}$ s
Anzahl der simulierten Zeitschritte:	200.000

Startbedingungen: Mit Seeding aus einer eingeschwungenen Simulation

Simulation der Felgenrotation: Sliding Mesh

Simulation der Reifenrotation: Rotating Wall-Randbedingung

Simulation der Laufbandbewegung: Sliding Wall-Randbedingung

Fahrzeugkonfiguration: Sturz, Spur und Standhöhe wie in Windkanalunter-suchungen, mit Motorraumdurchströmung und Kühlluftsimulation

Das Simulationsmodell des Fahrzeugs wurde in einzelne Bauteilkomponenten aufgegliedert, um Kräfte und Momente separat auswerten zu können. Von besonderem Interesse für das Projekt sind dabei die Widerstandsmomente an Felgen und Reifen. Die Reifen tauchen in die Laufbänder ein und bilden so die Deformation des Reifens nach aktuellem Stand der Technik ab. Aus diesem Grund konnte der Reifen nicht mit einem Sliding Mesh dargestellt werden, sondern wurde mit einer rotatorischen Oberflächen-Randbedingung versehen. Die Reifengeometrie wurde mit einem 3D-Scan in das Simulationsmodell überführt.

Aufbau des Simulationsvolumens

Abbildung 6.40: Seitenansicht des Fahrzeugs in der Simulationsumgebung mit Darstellung der Verfeinerungsgebiete des Simulationsgitters. Die Kantenlänge der kleinsten Zellen beträgt 1 mm.

Wie in Abbildung 6.40 gezeigt, ist das Simulationsvolumen in Bereiche unterschiedlicher Zellgröße aufgeteilt. In diesen sogenannten VR-Regionen (Variable Resolution) wird in den zu untersuchenden Strömungsgebieten die Auflösung anwendungsspezifisch eingestellt. Im dargestellten Fall besteht das Simulationsvolumen aus 150 Millionen Voxeln mit einer feinsten Auflösung von 1 mm im Bereich der Kühler. Die Felgen wurden mit einer Zellgröße von 2 mm aufgelöst. Dieses Vorgehen orientiert sich am Exa PowerFLOW Best Practices Guide [61].

Simulation der Radrotation

Die Simulation der Radrotation spielt für die Untersuchung des Ventilationswiderstands eine wesentliche Rolle. Die Rotation der Felgen und Reifenflanken wurde mit einem Sliding Mesh-Modell simuliert. Dabei wird ein Zylinder erstellt, in dem das Oberflächennetz und das umgebende Simulationsgitter rotiert werden. Es ist entscheidend, dass die Rotationsachse des Zylinders durch die Mitte der Felge läuft. Mit Hilfe eines internen Tools kann diese Achse iterativ ermittelt werden. Die Lauffläche des Reifens wurde mit einer Rotating Wall-Oberflächenrandbedingung simuliert. Abbildung 6.41 verdeutlicht die Bedeutung der Felgenstellung für den Ventilationswiderstand. Dargestellt ist der Ventilationswiderstand einer einzelnen vereinfachten Felge mit fünf breiten Speichen bei 180 km/h, ohne den Widerstandsanteil der Reifen. In Abhängigkeit von der Speichenposition variiert der Ventilationswiderstand, die Speichenpositionen „a" und „b" zeigen dabei die Minima und Maxima des Ventilationswiderstandsmoments einer Rotation. Aus diesem Grund sind zwei Punkte von Bedeutung:

1. Die Mittelungsdauer für den Ventilationswiderstand darf nicht über beliebig viele Zeitschritte erfolgen, sondern sollte ein Vielfaches einer Radrotation betragen.

2. Die Simulation muss mit bewegter Felgengeometrie erfolgen, da die Position der Speichen einen entscheidenden Einfluss auf den Ventilationswiderstand haben kann.

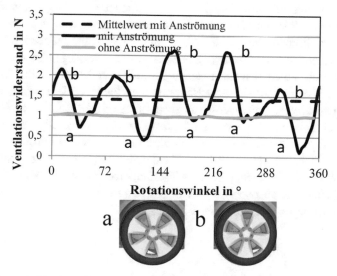

Abbildung 6.41: Ventilationswiderstand in Abhängigkeit vom Rotations winkel einer Radumdrehung. Die Ergebnisse stammen aus numerischer Strömungssimulation und zeigen den Ventilationswiderstand der Felge eines Vorderrads ohne den Widerstandsanteil der Reifen.

Der in grau dargestellte Verlauf des Ventilationswiderstands zeigt die Simulation ohne Anströmung. Das Ventilationsmoment bleibt nahezu konstant über die gesamte Rotation. Im Vergleich mit dem Mittelwert einer Simulation mit Anströmung wird deutlich, dass der Ventilationswiderstand nicht unabhängig von der Anströmung ist. Diese Ergebnisse der numerischen Strömungssimulation bestätigen die Resultate der Windkanaluntersuchungen. Der Ventilationswiderstand ist somit nicht unabhängig von der Anströmsituation.

6.10 Ergebnisse: Vergleich mit Windkanalergebnissen

Der zuvor beschriebene Simulationsaufbau diente als Grundlage für eine Vielzahl von Strömungssimulationen zur Bewertung verschiedener Felgensetups. Das primäre Ziel war der Abgleich der CFD-Simulationen mit den Ergebnissen aus dem 1:1-Windkanal, um daraus eine Aussage über die Eignung von CFD für Ventilationsuntersuchungen treffen zu können. Abbildung 6.42 zeigt den Ventilationswiderstandsbeiwert verschiedener Felgen in Bezug auf die Referenzfelge, dabei werden Ergebnisse aus dem Windkanal mit Ergebnissen numerischer Strömungssimulation verglichen. Generell ist zu erkennen, dass die Ergebnisse der Strömungssimulation eine gute Übereinstimmung mit den Windkanalmessungen zeigen. Tendenziell zeigten die Ergebnisse der Strömungssimulation einen höheren Ventilationswiderstand. Die CFD-Simulation bietet eine ausreichend gute Aussagekraft zur Bewertung von Felgen hinsichtlich ihres Ventilationswiderstands.

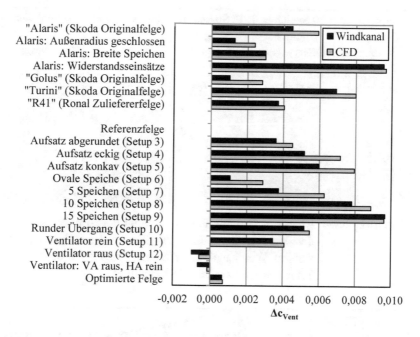

Abbildung 6.42: Vergleich der Windkanalergebnisse mit numerischer Strömungssimulation.

Die Auswertung des Ventilationswiderstands kann in das Post-Processing eingebunden werden und verursacht somit keinen großen Zusatzaufwand im Ent-
wicklungsprozess.

**Ergebnisse aus numerischer Strömungssimulation: Einfluss der
Speichenanzahl**

Mit den Setups 7, 8, 9 wurden im Windkanal Felgen mit ansteigender
Speichenanzahl untersucht. Dabei blieb der Querschnitt der Speichen mit einer
Breite von 20 mm und einer Tiefe von 30 mm bei allen Speichen gleich. Die
CFD-Simulation zeigte den gleichen Trend wie die Ergebnisse der Windkanal-
messungen. Die Absolutwerte wichen dabei um maximal 2 Punkte von-
einander ab. Zusätzlich zu den im Windkanal untersuchten Setups wurde die
Felge in der CFD-Simulation mit zwanzig Speichen ausgestattet.

5 Speichen (Setup 7) Öffnungsgrad 77.8 %	10 Speichen (Setup 8) Öffnungsgrad 66.6 %	15 Speichen (Setup 9) Öffnungsgrad 55.5 %	20 Speichen Öffnungsgrad: 44.7 %	∞ Speichen Öffnungsgrad 0 %

Abbildung 6.43: Übersicht über die Felgenkonfigurationen mit zunehmender Speichenanzahl für CFD-Simulationen. Zusätzlich zu den im Windkanal untersuchten Felgen wurde hier ein Setup mit zwanzig Speichen simuliert.

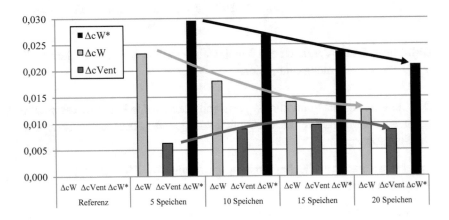

Abbildung 6.44: Ergebnisse aus numerischer Strömungssimulation. Gezeigt sind der erweiterte Widerstandsbeiwert, der Widerstandsbeiwert und Ventilationswiderstandsbeiwert von Felgen mit zunehmender Speichenanzahl. Der erweiterte Luftwiderstand nimmt mit zunehmender Speichenanzahl ab.

Da eine Erhöhung der Speichenanzahl ab einer gewissen Zahl eine geschlossene Felge darstellt, ist zu erwarten, dass sich bei einer bestimmten Speichenanzahl ein Maximum des Ventilationswiderstands erreicht wird und c_{Vent} danach abfällt. In der Simulation trat dieser Fall bei einer Felge mit fünfzehn Speichen ein. Die Ergebnisse sind in Abbildung 6.44 gezeigt.

Ergebnisse aus numerischer Strömungssimulation: Aufteilung auf Reifen und Felge

In Abbildung 6.45 ist der Ventilationsbeiwert der untersuchten Felgensetups gezeigt. Dabei ist der Ventilationswiderstand in den jeweiligen Beitrag der Felgen und der Reifen aufgeteilt. Der obere Teil des Balkendiagramms zeigt unterschiedliche Felgentypen, hauptsächlich Škoda-Originalfelgen. Der untere Teil gibt einen Überblick über die Testfelge der Parameterstudie.

Der Ventilationswiderstandsbeiwert der Reifen bleibt konstant bei knapp 7 Punkten. Der Ventilationswiderstand der Felgen hingegen führt zu Ventilationswiderständen, die ein Delta von bis zu 10 Punkten aufweisen – also $\Delta c_{Vent} = 0{,}010$. Eine weitere wichtige Erkenntnis wird bei der Betrachtung der Aufteilung auf Felge und Reifen deutlich. Die Verluste an der Felge sinken durch das Schließen der Felgenöffnungen auf den sehr geringen Wert von $c_{Vent,Felge} = 0{,}001$. Diese Verluste sind fast ausschließlich auf die Oberflächenreibung der geschlossenen Felge zurückzuführen. Im Umkehrschluss bedeutet dies, dass der Ventilationswiderstand durch eine günstige Druckverteilung an den Speichen mit geschickter Formgebung nahezu eliminiert werden kann. Die Grundlagenuntersuchungen an rotierenden Scheiben sowie Veröffentlichungen von Wickern et al [28], Mayer und Wiedemann [30] und Vdovin et al [33] zeigen Ventilationswiderstände der geschlossenen Felge in vergleichbarer Größenordnung.

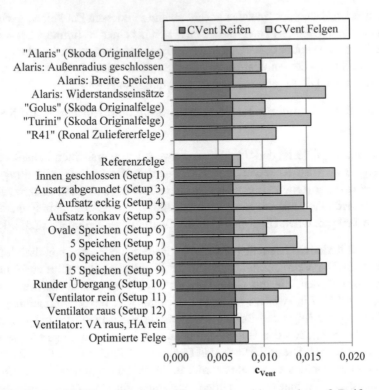

Abbildung 6.45: Verteilung des Ventilationswiderstands auf Reifen und Felgen als Ergebnis numerischer Strömungssimulation.

7 Ergebnisdiskussion

7.1 Modellwindkanal und Grundlagen

Die Untersuchungen im Modellwindkanal stellen einen wichtigen Baustein zum Verständnis der Strömungssituation im Radhausbereich dar und geben grundlegende Aufschlüsse über den Ventilationswiderstand rotierender Geometrien. Die gezeigten Ergebnisse stimmen mit bisherigen Veröffentlichungen überein [15,17,21,22]. Aufgezeigt werden konnte die quadratische Geschwindigkeitsabhängigkeit des Ventilationsmoments und der Einfluss der Anströmung auf das Ventilationsmoment. Außerdem wurde der Übergang von der rotierenden Scheibe zum realen Rad im 1:4-Windkanal experimentell nachgebildet. Im Rahmen dieser Messungen konnte die Reduktion des Ventilationswiderstands durch die Abschirmung der oberen Scheibenhälfte gezeigt werden. Neben der Sensitivität des Ventilationswiderstands auf geometrische Änderungen, konnte der c_{Vent}-erhöhende Einfluss zunehmender Oberflächenrauigkeit gemessen werden.

7.2 1:1-Windkanal-Messungen

Zur Bestimmung des Ventilationswiderstands von Fahrzeugfelgen wurde am IVK eine neuartige Messmethode entwickelt. Es konnte gezeigt werden, dass es möglich ist, im Windkanal den Ventilationswiderstand verschiedener Felgen zu messen und die Felgen hinsichtlich ihrer aerodynamischen Eigenschaften untereinander zu vergleichen. Dabei sind Voraussetzungen bezüglich des Windkanals und des zu untersuchenden Fahrzeugs zu erfüllen: Der Windkanal mit 5-Band-System muss eine Längskraftmessung an jeder Radantriebseinheit ermöglichen. Das Fahrwerk des Fahrzeugs muss modifiziert werden, um den Rollwiderstand zu reduzieren und konstant halten zu können. Die sogenannte FAT-Reihe benötigt keine aufwändige Vorbereitung und liefert pro Felge in weniger als 10 Minuten aussagekräftige Ergebnisse.

© Springer Fachmedien Wiesbaden GmbH, ein Teil von Springer Nature 2018
A. Link, *Analyse, Messung und Optimierung des aerodynamischen Ventilationswiderstands von Pkw-Rädern*, Wissenschaftliche Reihe Fahrzeugtechnik Universität Stuttgart, https://doi.org/10.1007/978-3-658-22286-4_7

Der Ventilationswiderstand weist wie der Luftwiderstand eine quadratische Geschwindigkeitsabhängigkeit auf und ist zudem nicht unabhängig von der Anströmung. Ventilationswiderstandsmessungen müssen folglich im Windkanal unter Anströmung durchgeführt werden. Messungen auf einem Rollenprüfstand sind nicht ausreichend. Im Rahmen des Projekts wurde eine Vielzahl verschiedener Felgen untersucht. Die Differenz des Ventilationswiderstandsbeiwerts beträgt zwischen bestem und schlechtestem Setup $\Delta c_{\text{Vent}} = 0{,}011$. Es sollte aber davon ausgegangen werden, dass die untersuchten Felgen nicht die gesamte Streubreite der am Markt erhältlichen Felgen abdecken können.

7.3 Numerische Strömungssimulation (CFD)

Der Vergleich von Windkanalmessungen mit Ergebnissen aus der numerischen Strömungssimulation, die mit dem CFD-Tool Exa PowerFLOW erzielt wurden, zeigt sowohl in den Grundlagenuntersuchungen als auch den 1:1-Windkanalmessungen am Gesamtfahrzeug eine gute Übereinstimmung. Bei der Datenauswertung spielt insbesondere die Mittelungslänge der Export-Files eine wichtige Rolle, bei den gezeigten Ergebnissen wurde jeweils eine Radrotation ausgewertet. Ein Mehrwert, den die CFD bietet, ist die Möglichkeit der direkten Ausgabe von Kräften und Momenten der relevanten Fahrzeugkomponenten. Es ist beispielsweise möglich, das Ventilationsmoment anteilig an Reifen und Felge auszuwerten. Zudem spielen andere Widerstände, wie z. B. der Rollwiderstand, in der CFD keine beeinflussende Rolle. Für die geschlossene Referenzfelge beträgt der Ventilationswiderstandsbeiwert $c_{\text{Vent}} = 0{,}007$. Der maximale Ventilationswiderstandsbeiwert der untersuchten Setups beträgt $c_{\text{Vent}} = 0{,}020$. Ein klarer Nachteil der numerischen Strömungssimulation gegenüber Windkanalmessungen ist die benötigte lange Rechenzeit von circa 48 Stunden je Simulation. Im Windkanal hingegen kann ohne Probleme eine zweistellige Anzahl an Felgen pro Messtag bewertet werden. Allerdings wird weiteres Potential in der Optimierung des Modellaufbaus und des Postprocessings der CFD vermutet. Die Best Practice-Empfehlungen des Herstellers beziehen sich meist auf klassische Untersuchungen des Luftwiderstands oder der Durchströmung des Motorraums und nicht auf Ventilationsmomentuntersuchungen.

Bedeutung für die Verbrauchsbestimmung

Die im Rahmen dieses Forschungsvorhabens gewonnenen Erkenntnisse sind für den aktuell in der Entwicklung befindlichen neuen Verbrauchszyklus WLTC von großer Bedeutung. Es wird diskutiert, inwiefern der Ventilationswiderstand für den Nachfolger des NEFZ Berücksichtigung finden wird und in welcher Form dieser bestimmt werden muss. Als Ergebnis der vorgestellten Arbeit kann festgehalten werden, dass die Messung des Ventilationswiderstands mit Anströmung erfolgen muss. Rollenprüfstände kommen somit zur Messung des Ventilationswiderstands nicht in Frage. Für eine Abschätzung des Einflusses verschiedener Felgenvariationen auf den Ventilationswiderstand und den Luftwiderstand wurden Messungen mit einer Testfelge durchgeführt. Die dabei gemessene maximale Differenz von Δc_{Vent} zwischen unterschiedlichen Felgen betrug 0,011. Im aktuellen NEFZ bedeutet diese Differenz des Ventilationswiderstandsbeiwerts von einen Unterschied im Kraftstoffverbrauch –abhängig vom untersuchten Fahrzeug – in der Größenordnung 0,09 Liter/100 km. In der neuen WLTP nimmt der Einfluss aerodynamischer Komponenten aufgrund der höheren Durchschnittsgeschwindigkeit und höheren Geschwindigkeitsspitzen zu. Die Verbrauchsdifferenz liegt bei ca. 0,12 Liter/100 km [62]. Der Fahrwiderstand setzt sich aus verschiedenen Teilwiderständen zusammen, die zur verlässlichen Einteilung in Verbrauchs und Schadstoffklassen hinreichend genau bestimmt werden müssen. Dabei entstehen aktuell Ungenauigkeiten durch systematische Fehler. Wird beispielsweise der Fahrwiderstand mit Ausrollmessungen bestimmt und anschließend als Widerstand einem Rollenprüfstand aufgeprägt, wirkt zusätzlich ein Nullventilationswiderstandsmoment, also der Ventilationswiderstand ohne Anströmung. Dieser Anteil kann durch Messungen am Rollenprüfstand erfasst werden. Außerdem beinhaltet die Zerlegung des Fahrwiderstands aus Ausrollmessungen in konstante, lineare und quadratische Anteile auch jetzt schon den Ventilationswiderstand. Dieser konnte jedoch im Windkanal nicht bestimmt werden. Es bleibt nun zu diskutieren, in welcher Form die in diesem Projekt gewonnen Erkenntnisse in die WLTP eingebunden werden können. Diese Dissertation stellt eine Messmethode zur Verfügung, mit der die Messung des Ventilationswiderstandsanteils für diese Zwecke erfasst werden kann.

8 Schlussfolgerungen

Im Rahmen des FAT-Projekts wurde eine Messmethode entwickelt und in den 1:1-Windkanälen der BMW Group, des IVKs und der Porsche AG validiert. Es bleibt abzuwarten, in wie weit diese Methode im Zusammenhang mit dem WLTC zum Einsatz kommen wird. Aus technischer Sicht ist es möglich, die Bewertung von Felgen hinsichtlich ihres Ventilationswiderstands in wirtschaftlich vertretbarer Form im Windkanal umzusetzen. Ergänzend zu Messungen im Windkanal sind auch CFD-Simulationen ein Werkzeug, das eine ausreichende Aussagekraft für die Bewertung von Felgen hinsichtlich ihres Ventilationswiderstands besitzt.

Empfehlungen für eine aerodynamisch optimierte Felge

Ziel des Forschungsvorhabens ist unter anderem, Stellhebel für die Optimierung von Fahrzeugfelgen hinsichtlich ihres Ventilationswiderstands zu erarbeiten. Zusammenfassend können folgende Empfehlungen für eine aerodynamisch optimierte Felge genannt werden:

I Geschlossener Außenradius

Der äußere Radius der Felge zeigt einen großen Einfluss auf das aerodynamische Widerstandsmoment. Gleichzeitig kann durch Schließen des äußeren Felgenbereichs der Luftwiderstand reduziert werden.

II Abgerundete Speichenkanten

Es ist bekannt, dass scharfkantige Speichen einen höheren Luftwiderstand haben als Felgen mit abgerundeten Speichen. Gleiches gilt für den Ventilationswiderstand. Das Einsparpotential von Felgen mit fünf scharfkantigen Speichen gegenüber abgerundeten Speichen beträgt mehr als zwei Punkte für das Gesamtfahrzeug.

III Förderrichtung von Ventilatorfelgen

Es konnte gezeigt werden, dass die Förderrichtung sowohl auf den Ventilationswiderstand als auch für den Luftwiderstand von großer Bedeutung ist. Bei der Betrachtung des Ventilationswiderstands zeigt die Vorderachse ein

© Springer Fachmedien Wiesbaden GmbH, ein Teil von Springer Nature 2018
A. Link, *Analyse, Messung und Optimierung des aerodynamischen Ventilationswiderstands von Pkw-Rädern*, Wissenschaftliche Reihe Fahrzeugtechnik Universität Stuttgart, https://doi.org/10.1007/978-3-658-22286-4_8

sehr sensitives Verhalten. Die aus dem Fahrzeugbug in die vorderen Rad-
häuser strömende Luft unterstützt die Rotation der Felgen und resultiert in
einem Ventilationswiderstand, der sogar geringer ausfällt als der Ventilationswiderstand der geschlossenen Felge. Die Hinterachse hingegen verhält sich
relativ neutral mit einem mittleren Ventilationswiderstand.

Für den Luftwiderstand gilt ein umgekehrtes Verhalten: An der Hinterachse
nach innen fördernde Felgen konnten den Luftwiderstand im Vergleich zu
nach außen fördernden Felgen senken – auf Kosten eines nur leicht erhöhten
Ventilationswiderstands. Die Ventilationsrichtung an der Vorderachse zeigt
hingegen nur geringe Auswirkungen auf den Luftwiderstand. Ein positiver
Nebeneffekt der Radhausentlüftung durch die nach außen gerichtete Ventilation an der Vorderachse liegt in der Reduktion des Auftriebs.

IV Speichenanzahl

Da der aerodynamische Gesamtwiderstand durch die Summe aus Ventilationswiderstand und Luftwiderstand gebildet wird, kann eine vollständige Bewertung von Felgen nur unter Berücksichtigung beider Widerstandsanteile erfolgen. Felgen mit fünf Speichen haben meist einen deutlich höheren c_W als
Felgen mit fünfzehn Speichen. Der Luftwiderstand nimmt also mit steigender
Speichenzahl zu. Der Ventilationswiderstand hingegen zeigte mit zunehmender Speichenzahl eine Abnahme. In Summe besitzt die Felge mit fünfzehn
Speichen den geringsten aerodynamischen Gesamtwiderstand. Bisher wurden
Felgen mit größerer Speichenanzahl daher vermutlich oft mit einem zu nied-
rigen Widerstandsbeiwert klassifiziert.

In diesem Projekt konnten über den bisher nur wenig erforschten Ventilationswiderstand zahlreiche neue Erkenntnisse gewonnen werden. Außerdem konnte eine Messmethode entwickelt werden, die eine zuverlässige und in den
Maßstäben der Aerodynamikentwicklung wirtschaftliche Messung des Ventilationswiderstands von Fahrzeugrädern ermöglicht.

Literaturverzeichnis

[1] BMW Group, „BMW Konfigurator, "http://www.bmw.de/de/neufahrzeuge/ [Zugriff am 20.07.2016].

[2] Daimler AG, „Mercedes-Benz „Concept IAA": digitaler Transformer.," https://www.mercedes-benz.com/de/mercedes-benz/design/mercedes-benz-design/konzeptfahrzeuge/concept-iaa-intelligent-aerodynamic-automobile/ [Zugriff am 20.07.2016].

[3] M. Kirchberger, „FAZ Genfer Automobilsalon, Muskelspiele am See," www.faz.net/aktuell/technik-motor/auto-verkehr/genfer-automobilsalon-muskelspiele-am-see-12100498/sparsam-schick-12100519.html [Zugriff am 20.07.2016], 2013.

[4] Porsche AG, „Die Konzeptstudie Mission E," http://www.porsche.com/microsite/mission-e/germany.aspx [Zugriff am 20.07.2016].

[5] Spiegel online, „Saab Aero X - Düsenflugzeug mit Ökoantrieb," http://www.spiegel.de/fotostrecke/saab-aero-x-duesenflugzeug-mit-oekoantrieb-fotostrecke-12698-5.html [Zugriff am 20.07.2016], 2006.

[6] J. Stratmann, „Rad-Ab," http://www.rad-ab.com/2013/06/04/fahrbericht-audi-r8-etron-der-wagen-von-iron-man-bzw-tony-stark/ [Zugriff am 20.07.2016], 2016.

[7] „Auto News," http://www.auto-news.de/test/einzeltest/anzeige_Fahrt-im-Audi-e-tron-Spyder-In-der-Zukunft-unterwegs_id_30974. [Zugriff am 20.7.2016], 2011.

[8] Europäisches Parlament, „Verordnung Nr. 1222/2009 des Europäischen Parlaments und des Rates vom 25. November 2009 über die Kennzeichnung von Reifen in Bezug auf die Kraftstoffeffizienz und andere wesentliche Parameter," 2009.

© Springer Fachmedien Wiesbaden GmbH, ein Teil von Springer Nature 2018
A. Link, *Analyse, Messung und Optimierung des aerodynamischen Ventilationswiderstands von Pkw-Rädern*, Wissenschaftliche Reihe Fahrzeugtechnik Universität Stuttgart, https://doi.org/10.1007/978-3-658-22286-4

[9] J. Wiedemann, „Vorlesungsskript Kraftfahrzeuge 1, Kapitel Fahrwider-
     stände," IVK Universität Stuttgart, Stuttgart, 2016.

[10] H.-J. Unrau, Der Einfluss der Fahrbahnoberflächenkrümmung auf den
     Rollwiderstand, die Cornering Stiffness und die Aligning Stiffness von
     Pkw-Reifen, Karlsruhe: KIT Scientific Publishing, 2013.

[11] (ISO) International Organization of Standardization, „ISO 28580:2009:
     Passenger car, truck and bus tyres — Methods of measuring rolling
     resistance — Single point test and correlation of measurement
     results," Genf, Schweiz, 2009.

[12] T. Schütz, L. Krüger und M. Lentzen, „Kapitel 4: Luftkräfte und deren
     Beeinflussung am Personenkraftwagen," in *Schütz (Hrsg.): Hucho -
     Aerodynamik des Automobils*, Wiebaden, Vieweg, 2013, pp. 177-282.

[13] M. Tutuianu, A. Marotta, H. Steven, E. Ericsson, T. Haniu, N. Ichikawa
     und H. Ishii, „Development of a Worldwide harmonized Light Duty Test
     Cycle," UN/ECE DHC Subgroup, 2013.

[14] „Fakten und Argumente zum Kraftstoffverbrauch," Verband der
     Automobilindustrie e.V. (VDA), Berlin, 2014.

[15] T. v. Kármán, „Hauptaufsätze über laminare und turbulente
     Reibung," *Zeitschrift für angewandte Mathematik und Mechanik,* pp.
     233-252, August 1921.

[16] W. G. Cochran, „The Flow Due to a Rotating Disc," *Mathematical
     Proceedings of the Cambridge Philosophical Society / Volume 30 / Issue
     03,* pp. 365-375, 1934.

[17] G. Kempf, „Über Reibungswiderstand rotierender Scheiben," in *v.
     Kárman, Th. (Hrsg.): Vorträge aus dem Gebiete der Hydro- und
     Aerodynamik*, Innsbruck, Springer-Verlag Berlin Heidelberg, 1922.

[18] W. Schmidt, „Ein einfaches Meßverfahren für Drehmomente,“ *Z. VDI, Band 65,* pp. 441-444, 1921.

[19] S. Goldstein, „On the Resistance to the Rotation of a Disc Immersed in a Fluid,“ *Proceedings of the Cambridge Philosophical Society 31,* pp. 232-241, 1935.

[20] T. Theodorsen und R. Regier, „Experiments on Drag of Revolving Disks, Cylinders and Streamline Rods at High Speeds,“ *National Advisory Council for Aeronautics Report 793,* pp. 4-6, 1945.

[21] H. Schlichting und E. Truckenbrodt, „Exakte Lösungen der Navier-Stokes-Gleichungen,“ in *Grenzschichttheorie,* Springer Berlin Heidelberg, 2006, pp. 120-124.

[22] J. Nelka, „Evaluation of a rotating disk apparatus: Drag of a disk rotating in a viscous fluid,“ Naval Ship Research and Development Center, U.S. Naval Academy, Bethesda, 1973.

[23] L. Dorfman, in *Hydrodynamic Resistance and the Heat Loss of Rotating Solids,* Oliver and Boyd, First Edition, 1963, pp. 1-71.

[24] S. Dennington, P. Mekkhunthod, M. Rides, D. Gibbs, M. Salta, V. Stoodley, J. Wharton und P. Stoodley, „Miniaturized rotating disc rheometer test for rapid screening of drag,“ *Surface Topology: Metrology and Properties,* 2015.

[25] W. Kamm und C. Schmid, „Messung der Fahrleistungen und Fahreigenschaften von Kraftfahrzeugen,“ in *Das Versuchs- und Meßwesen auf dem Gebiet des Kraftfahrzeugs,* Berlin, Verlag von Julius Springer, 1938, pp. 179-180.

[26] A. Hahnenkamm, J. Grilliat und D. Antonio, „Rotatory and translatory aerodynamic drag of car wheels,“ *13. Internationales Stuttgarter Symposium, Stuttgart,* 2013.

[27] M. Jermy, J. Moore und M. Bloomfield, „Translational and rotational aerodynamic drag of composite construction bicycle wheels," *Proc. IMechE Vol. 222 Part P: J. Sports Engineering and Technology,* pp. 91-102, 01 Juni 2008.

[28] G. Wickern, K. Zwicker und M. Pfadenhauer, „Rotating Wheels - Their Impact on Wind Tunnel Test Techniques and on Vehicle Drag Results," in *SAE International,* Detroit, 1997.

[29] A. Vdovin, Numerical and Experimental Investigations on Aerodynamic and Thermal Aspects of Rotating Wheels, Doctoral Thesis, Gothenburg: Chalmers University of Technology, 2015.

[30] W. Mayer und J. Wiedemann, „The Influence of Rotating Wheels on Total Road Load," *SAE Technical Paper 2007-01-1047,* 2007.

[31] E. Mercker, N. Breuer, H. Berneburg und E. H, „On the Aerodynamic Interference Due to the Rolling Wheels of Passenger Cars," *SAE Technical Paper 910311,* pp. 63-69, 1 Februar 1991.

[32] J. Wiedemann, „Verfahren und Windkanalwaage bei aerodynamischen Messungen an Fahrzeugen. Europäisches Patent". Patent EP 0 842 407 B1, Inhaber AUDI AG, 2000.

[33] A. Vdovin, L. Lofdahl and S. Sebben, "Investigation of Wheel Aero-dynamic Resistance of Passenger Cars," *SAE Int. J. Passeng. Cars - Mech. Syst. 7(2),* pp. 295-301, 04 01 2014.

[34] G. Tesch und F. Modlinger, „Die Aerodynamik-Felge von BMW - Einfluss und Gestaltung von Rädern zur Minimierung von Fahrwider-ständen," *Haus der Technik-Tagung "Aerodynamik des Kraftfahrzeugs",* München, 2012.

[35] A. D'Hooge, R. . B. Palin, S. Johnson, B. Duncan und J. I. Gargoloff, „The Aerodynamic Development of the Tesla Model S - Part 2: Wheel Design Optimization," in *SAE Internationale,* Detroit Michigan, 2012.

[36] R. Blumrich, E. Mercker, A. Michelbach, J.-D. Vagt, N. Widdecke und J. Wiedemann, „Windkanäle und Messtechnik," in *T. Schütz (Hrsg.), Hucho - Aerodynamik des Automobils*, Wiesbaden, Springer Fachmedien, 2013, pp. 831-966.

[37] E. Mercker und K. Cooper, „A Two-Measurement Correction for the Effect of a Pressure Gradient on Automotive, Open-Jet, Wind Tunnel Measurements," *SAE Technical Paper 2006-01-0568*, 2006.

[38] E. Mercker und J. Wiedemann, „Contemplation of Nozzle Blockage in open JetWind Tunnels in View of Different 'Q' Determination Techniques," *SAE Paper 970136*, 1997.

[39] E. Mercker und J. Wiedemann, „On the Correction of Interference effects in Open Jet Wind Tunnels," *SAE Paper 960671*, 1996.

[40] J. Whitfield, J. Jacocks, W. Dietz und S. Pate, „Demonstration of the Adaptive Wall Concept Applied to an Automotive Wind Tunnel," *SAE Paper 820373*, 1982.

[41] Forschungsinstitut für Kraftfahrwesen und Fahrzeugmotoren Stuttgart - FKFS, „Magazine for Opening the New Vehicle Wind Tunnel at the University of Stuttgart, operated by FKFS Stuttgart," Stuttgart, 2014.

[42] R.-G. Fiedler und J. Potthoff, „Vorentwicklung von Raddrehvorrichtungen für schmale Laufbandsysteme in Fahrzeugwindkanälen," *Bargende, H., Wiedemann, J. (Hrsg. 1999): 3. Stuttgarter Symposium Kraftfahrwesen und Verbrennungsmotoren*, 1999.

[43] A. Michelbach und J. Wiedemann, „20 Years of Testing in the Automotive Wind Tunnels of Stuttgart University," *Progress in Vehicle Aerodynamics and Thermal Management, Proceedings of the 7th FKFS-Conference*, 2009.

[44] J. Wiedemann und J. Potthoff, „The New 5-Belt Road Simulation System of the IVK Wind Tunnels - Design and First Results," *SAE Technical Paper 2003-01-0429,* 2003.

[45] D. Stoll, C. Schoenleber, F. Wittmeier und T. Kuthada, „Investigation of Aerodynamic Drag in Turbulent Flow Conditions," *SAE Int. J. Passeng. Cars - Mech. Syst. 9(2),* 2016.

[46] B. Bock, N. Widdecke, T. Kuthada und J. Wiedemann, „Beeinflussung des Luftwiderstands durch Anregung mit Synthetic Jets an einem stumpfen Körper," *Haus der Technik 12. Tagung: Fahrzeug-Aero-dynamik, München,* 2016.

[47] T. Kuthada, F. Wittmeier, B. Bock, C. Schoenleber und A. Link, „The Effects of Cooling Air on the Flow Field around a Vehicle," *SAE Int. J. Passeng. Cars - Mech. Syst. 9(2),* 2016.

[48] E. Duell, A. Kharazi, S. Muller, W. Ebeling und E. Mercker, „The BMW AVZ Wind Tunnel Center," *SAE Technical Paper 2010-01-0118,* 04 12 2010.

[49] FKFS - Forschungsinstitut für Kraftfahrwesen und Fahrzeugmotoren Stuttgart, „Homepage des FKFS - Technische Daten des Aeroakustik-Windkanals," [Online]. Available:

http://www.fkfs.de/kraftfahrwesen/leistungen/windkanaele/aeroakustik-fahrzeugwindkanal/technische-daten/. [Zugriff am 12 12 2016].

[50] H.-W. Hucho, „Windkanäle," in *Aerodynamik des Automobils, 4. Ausgabe,* Warrendale, PA, SAE Society of Automotive Engineers, Inc., 1998, p. 662.

[51] R. Blumrich, N. Widdecke, J. Wiedemann, F. Wittmeier und O. Beland, „New FKFS Technology at Full-Scale Aeroacoustic Wind Tunnel of Stuttgart University," *SAE Technical Paper 2015-01-1557,* 2015.

[52] FKFS - Forschungsinstitut für Kraftfahrwesen und Fahrzeugmotoren Stuttgart, *FKFS - Modernisierung Windkanal (Extended Version),* https://youtu.be/igUHA-zIswo (Zugriff am 12.12.2016), 06.05.2015.

[53] H. Stumpf, P. Röser, T. Wiegand, B. Pfäfflin, J. Ocker, R. Müller und H.-U. Kroß, „The new aerodynamic and aeroacustic wind tunnel of Porsche AG," *15. Internationales Stuttgarter Symposium, Stuttgart,* 2015.

[54] SKF, „Reibungsberechnung von Kugellagern der Firma SKF," [Online]. Available:

http://www.boie.de/ftp/pub/skf/6000_I_DE/6000-I_DE_00_04_Friction.pdf. [Zugriff am 12 12 2016].

[55] J. Wiedemann, „The Influcnce of Ground Simulation and Wheel Rotation on Aerodynamic Drag Optimization - Potential for Reducing Fuel Consumption.," *SAE Congress, SAE Paper 960672,* 1996.

[56] A. Wäschle, Numerische und experimentelle Untersuchung des Einflusses von drehenden Rädern auf die Fahrzeugaerodynamik, Dissertation, Universität Stuttgart, 2006.

[57] S. Sebben, „Some aspects of tyre design and its influence in the Aerodynamic forces of passenger vehicles.," *IQPC,* 2012.

[58] A. Link, T. Kuthada, N. Widdecke, F. Wittmeier und J. Wiedemann, „Bestimmung des aerodynamischen Ventilationswiderstands von PKW-Rädern," *12. HdT-Tagung: Fahrzeugaerodynamik, München,* 2016.

[59] A. Link, N. Widdecke, J. Wiedemann und F. Wittmeier, „Measurement of the Aerodynamic Ventilation Drag of Passenger Car Wheels," *ATZ Worldwide, 10/2016,* 1 10 2016.

[60] A. Link, N. Widdecke, F. Wittmeier und J. Wiedemann, „FAT-Schriftenreihe 291: Analyse, Messung und Optimierung des

Ventilationswiderstands von Pkw-Rädern," Forschungsvereinigung Automobiltechnik e.V., Berlin, 2016.

[61]   EXA Corporation, „PowerFLOW User Guide," 2015.

[62]   S. Milakovic, „Interner Bericht, Baustein des TheFaMoS-Modells," *FKFS, Stuttgart,* 2012.

[63]   M. Pfadenhauer, „Konzepte zur Verringerung des Luftwiderstandsbeiwertes von Personenkraftwagen unter Berücksichtigung der Wechselwirkungen zwischen Fahrzeug und Fahrbahn, sowie der Raddrehung. Diplomarbeit, Bericht FLM 95/33," Lehrstuhl für Fluidmechanik, TU München, München, 1995.

[64]   Exa Corporation, „PowerFLOW Best Practices Guide," 2008.

[65]   J. Wiedemann und J. Potthoff, „The New 5-Belt Road Simulation System of the IVK Wind Tunnels - Design and First Results," *SAE 2003-01-0429,* 2003.

[66]   G. Wickern, S. Dietz und L. Lührmann, „Gradient Effects on Drag Due to Boundary Layer Suction in Automotive Wind Tunnels," *SAE Technical Paper 2003-01-0655,* 2003.

[67]   J. Wiedemann, J. Potthoff und A. Michelbach, „Die neue Laufband-Technik im IVK-Aeroakustik-Fahrzeugwindkanal der Universität Stuttgart," *ATZ 2/2004,* pp. 150-161, 2004.

[68]   A. Link, T. Kuthada, N. Widdecke, F. Wittmeier, J. Wiedemann und M. Pfadenhauer, „Ventilation Resistance of Rotating Discs," *Advanced Automotive Aerodynamics Conference, Nantwich,* 2015.

[69]   T. Schütz, „WLTP - On the increased importance of aerodynamics and impact on development procedures," *16. Internationales Stuttgarter Symposium, Stuttgart,* 2016.

[70]   R. Küstner, K.-R. Deutenbach und J.-D. Vagt, „Measurements of the Reference Dynamic Pressure in Open-Jet Automotive Wind Tunnels," *SAE-Technical Paper 920399,* 1992.

[71]   T. Woll, „Verbrauch und Fahrleistungen," in *Schütz (Hrsg.): Hucho - Aerodynamik des Automobils,* Wiesbaden, Springer Vieweg, 2013, pp. 137-176.

Anhang

Ablaufplan für Messungen in Windkanälen mit 5-Band-System

Im Folgenden wird ein Ablaufplan beschrieben, mit dem der Ventilations-widerstand von Fahrzeugrädern bewertet werden kann. Die Messmethode ist auf 1:1-Windkanäle mit 5-Band-System ausgerichtet.

Voraussetzungen:

Windkanal mit 5-Band-System und Möglichkeit zur Messung des Radwiderstands (Längskraftmessung) an den Radantriebseinheiten

Vorbereitung des Fahrzeugs:

Ausbau der Antriebswellen, Bremsbeläge und einseitiges Aushängen des Stabilisators

Demontage der Fahrzeugfedern und Ablassen des Dämpferöls oder Ersatz des Dämpfers durch eine Linearführung

Um unabhängig von der Umströmung der Randantriebseinheiten zu sein, wird empfohlen, die Ventilationswiderstandsbeiwerte auf eine geschlossene Referenz-felge zu beziehen. Dabei sollte die Referenzfelge auf der Innen- und Außenseite der Speichen jeweils mit einem Deckel geschlossen werden.

Ablauf der FAT-Reihe:

Anheben des Fahrzeugs mit den Schwellerstützen bis die Räder keinen Kontakt mehr mit den Laufbändern aufweisen, anschließend Tarieren der Längskraftmessung.

Absetzen des Fahrzeugs mit langsam bewegten Radantrieben („Trundle-Modus"), anschließend auch im Stillstand kein weiteres Tarieren.

Auswärm-Phase

    a.   60 Sekunden bei hoher Geschwindigkeit ohne Anströmung
        Empfehlung: 200 km/h

    b.   30 Sekunden bei niedriger Geschwindigkeit ohne Anströmung
        Empfehlung: 40 km/h

© Springer Fachmedien Wiesbaden GmbH, ein Teil von Springer Nature 2018
A. Link, *Analyse, Messung und Optimierung des aerodynamischen Ventilationswiderstands von Pkw-Rädern*, Wissenschaftliche Reihe Fahrzeugtechnik Universität Stuttgart, https://doi.org/10.1007/978-3-658-22286-4

Messung

    c.   3 Messpunkte à 10 Sekunden bei hoher Geschwindigkeit mit Anströmung

        Empfehlung: 180 km/h

    d.   3 Messpunkte à 10 Sekunden bei niedriger Geschwindigkeit mit Anströmung

        Empfehlung: 40 km/h

        (Anmerkung: Für den Fall, dass der eingesetzte Windkanal eine schnelle Regelung der Windgeschwindigkeit auf 0 km/h besitzt, sollte ohne Anströmung gemessen werden und dies entsprechend bei der Auswertung berücksichtigt werden)

        Repro-Messung:

    e.   3 Messpunkte à 10 Sekunden bei hoher Geschwindigkeit mit Anströmung

        Empfehlung: 180 km/h

    f.   3 Messpunkte à 10 Sekunden bei niedriger Geschwindigkeit mit Anströmung

        Empfehlung: 40 km/h (Anmerkung: s.o.)

Auswertung

Die drei Messintervalle pro Messschritt dienen zur Kontrolle. Zeigen diese drei Messungen keine großen Abweichungen voneinander, kann pro Geschwindigkeit jeweils der Mittelwert gebildet werden. Um den Ventilationswiderstandsbeiwert des Gesamtfahrzeugs zu berechnen, ist die Summme der Radwiderstände aller Räder zu bilden:

$$F_{Rad,Ges} = F_{Rad,VL} + F_{Rad,VR} + F_{Rad,HL} + F_{Rad,HR} \qquad \text{Gl. A.1}$$

Die Differenz aus Messung a und b, beziehungsweise c und d ergibt:

$$\Delta F_{Vent} = F_{x,v1} - F_{x,v2} \qquad\qquad \text{Gl. A.2}$$

Daraus ergibt sich schließlich der Ventilationswiderstandsbeiwert:

$$C_{Vent} = \frac{\Delta F_{Vent}}{\frac{1}{2} \cdot \rho \cdot A_X \cdot [v_1^2 - v_2^2]} \qquad\qquad \text{Gl. A.3}$$

Printed in the United States
By Bookmasters